● 新・電気システム工学 ●
TKE-8

電気機器学基礎

仁田旦三・古関隆章 共著

数理工学社

編者のことば

　20世紀は「電気文明の時代」と言われた．先進国では電気の存在は，日常の生活でも社会経済活動でも余りに当たり前のことになっているため，そのありがたさがほとんど意識されていない．人々が空気や水のありがたさを感じないのと同じである．しかし，現在この地球に住む60億の人々の中で，電気の恩恵に浴していない人々がかなりの数に上ることを考えると，この21世紀もしばらくは「電気文明の時代」が続くことは間違いないであろう．種々の統計データを見ても，人類の使うエネルギーの中で，電気という形で使われる割合は単調に増え続けており，現在のところ飽和する傾向は見られない．

　電気が現実社会で初めて大きな効用を示したのは，電話を主体とする通信の分野であった．その後エネルギーの分野に広がり，ついで無線通信，エレクトロニクス，更にはコンピュータを中核とする情報分野というように，その応用分野はめまぐるしく広がり続けてきた．今や電気工学を基礎とする産業は，いずれの先進国においてもその国を支える戦略的に第一級の産業となっており，この分野での優劣がとりもなおさずその国の産業の盛衰を支配するに至っている．

　このような産業を支える技術の基礎となっている電気工学の分野も，その裾野はますます大きな広がりを持つようになっている．これに応じて大学における教育，研究の内容も日進月歩の発展を遂げている．実際，大学における研究やカリキュラムの内容を，新しい技術，産業の出現にあわせて近代化するために払っている時間と労力は相当のものである．このことは当事者以外には案外知られていない．わが国が現在見るような世界に誇れる多くの優れた電気関連産業を持つに至っている背景には，このような地道な努力があることを忘れてはいけないであろう．

　本ライブラリに含まれる教科書は，東京大学の電気関係学科の教授が中心となり長年にわたる経験と工夫に基づいて生み出したもので，「電気工学の体系化」および「俯瞰的視野に立つ明解な説明」が特徴となっている．現在のわが国の関係分野において，時代の要請に充分応え得る内容を持っているものと自負し

編者のことば　　　　　　　　　　　　　　　iii

ている．本教科書が広く世の中で用いられるとともにその経験が次の時代のより良い新しい教科書を生み出す機縁となることを切に願う次第である．

　最後に，読者となる多数の学生諸君へ一言．どんなに良い教科書も机に積んでおいては意味がない．また，眺めただけでも役に立たない．内容を理解して，初めて自分の血となり肉となる．この作業は残念ながら「学問に王道なし」のたとえ通り，楽をしてできない辛いものかもしれない．しかし，自分の一部となった知識によって，人類の幸福につながる仕事を為し得たとき，その苦労の何倍もの大きな喜びを享受できるはずである．

2002年9月　　　　　　　　　　　　　　　　編者　関根泰次
　　　　　　　　　　　　　　　　　　　　　　　　日髙邦彦
　　　　　　　　　　　　　　　　　　　　　　　　横山明彦

「新・電気システム工学」書目一覧	
書目群 I	**書目群 III**
1　電気工学通論	15　電気技術者が応用するための「現代」制御工学
2　電気磁気学 　　——いかに理解し使いこなすか	16　電気モータの制御とモーションコントロール
3　電気回路理論	17　交通電気工学
4　基礎エネルギー工学	18　電力システム工学
5　電気電子計測	19　グローバルシステム工学
書目群 II	20　超伝導エネルギー工学
6　はじめての制御工学	21　電磁界応用工学
7　システム数理工学 　　——意思決定のためのシステム分析	22　電離気体論
8　電気機器学基礎	23　プラズマ理工学 　　——はじめて学ぶプラズマの基礎と応用
9　基礎パワーエレクトロニクス	24　電気機器設計法
10　エネルギー変換工学 　　——エネルギーをいかに生み出すか	
11　電力システム工学基礎	別巻1　現代パワーエレクトロニクス
12　電気材料基礎論	
13　高電圧工学	
14　創造性電気工学	

まえがき

　この本は，大学において初めて学ぶ人のための電気機器基礎の教科書として執筆したものである．40年前の電気機器の教科書は，電気機器の設計者，使用者のために執筆されたものが多い．一方，近年のそれは，主として使用者のために書かれた本も多くなっている．これは，以前においては，電気機器の講義時間が多く，十分な講義がなされてきたのに対して，近年は，電気関連技術の発展・多様化により，電気機器の講義時間は半期で週1回程度によるところにも影響されたと考える．

　最近の電気エネルギー使用の多様化に伴い，モータをはじめとする新しい電気機器の開発も多く行われてきている．したがって，その教科書は，電気機器の使用者のためだけでなく，設計の入門書としての役割も必要とされるようになってきたと考える．しかしながら，講義時間の拡大は望めない．そこで，この教科書では，電気機器の共通部分をまとめた形をとることにし，基礎的なことも含む内容に心掛けたつもりである．

　1章では，磁気回路に関して記述するとともに，歴史的電気機器についても簡単に解説した．これは，最近の新しい電気機器の開発に，歴史的に消え去った機器をヒントにしたものが目立つようになったと思われるからである．

　2章では，変圧器に関して記述した．特に三相の変圧器についても簡単ではあるが記述した．これは，最近話題のスマートグリッドのように電力システムが注目を浴びているからである．

　3章では回転機に関する共通事項をまとめて記述した．巻線に関しても共通事項として含めている．

　4章から6章までは，回転機について記述した．多くの電気機器の教科書に対して，その順番を変え，まず，4章で同期機から記述した．その理由は，フレミングの法則が直接応用されている機器であること，最近のモータに同期モータが増えてきていることなどがあるからである．5章は直流機について記述し

まえがき

た．同期機を整流すると直流機であること，容量の大きい直流機は消滅しつつあるが，非常に小形モータにおいて直流機のシェアが増していることによる．6章は誘導機について記述した．

7章では，パワーエレクトロニクスに関して概説した．これは，講義時間の影響でパワーエレクトロニクスの講義を受けずに卒業する学生に対する配慮である．

8章では，最近特に注目を浴びている小形モータに関する概説をした．

以上のように，従来の電気機器の教科書と少し違う構成となっている．しかしながら，従来の講義方法でも講義できると考えている．講義される方のご専門を生かし，補足されることを望む次第である．

出版において，期日を守らず，数理工学社の方に大変ご迷惑をかけましたことをお詫びするとともに，そのために十分な推敲がなされていない点も多いと思われる．諸先生方のご叱正をお願いして訂正していきたいと考えている．

2011年1月

著　者

目　　次

■第 1 章　電気機器と磁気回路　　1
1.1　はじめに ································· 2
1.2　磁 気 回 路 ································· 3
1.3　BH 曲 線 ································· 7
1.4　永 久 磁 石 ································· 8
コラム　工学と図式解法 ························· 9
1.5　損　　　失 ································· 10
1.6　歴史的電磁機器 ····························· 13
　　1.6.1　磁気増幅器 ··························· 13
　　1.6.2　直流単極機 ··························· 13
　　1.6.3　回転増幅器 ··························· 14
　　1.6.4　シンクロ ····························· 14
1 章の問題 ······································ 15

■第 2 章　変　圧　器　　17
2.1　変圧器の原理と理想変圧器 ··················· 18
2.2　損失を考慮した変圧器 ······················· 23
コラム　電気工学における等価回路 ··············· 24
2.3　変圧器の構造 ······························· 25
　　2.3.1　導電材料と巻線 ······················· 25
　　2.3.2　磁性材料と磁気回路 ··················· 25
　　2.3.3　絶縁 ································· 26
　　2.3.4　冷却方式 ····························· 27
　　2.3.5　その他 ······························· 27
　　2.3.6　三相変圧器 ··························· 27

- 2.4 定格と特性 ····································· 28
  - 2.4.1 定格 ······································ 28
  - 2.4.2 電圧変動率 ······························· 28
  - 2.4.3 効率 ······································ 30
  - 2.4.4 全日効率 ··································· 32
- 2.5 変圧器の試験 ··································· 34
  - 2.5.1 無負荷試験 ································ 34
  - 2.5.2 短絡試験 ·································· 35
- コラム 抵抗の抵抗値の温度変化 ·················· 36
- 2.6 他の変圧器と結線 ······························· 37
  - 2.6.1 単巻変圧器（auto transformer） ·········· 37
  - 2.6.2 三相変圧器 ································ 38
  - 2.6.3 V 結線 ···································· 43
  - 2.6.4 相数変換 ·································· 44
  - 2.6.5 計器用変圧器 ······························ 45
- 2 章の問題 ··· 46

第 3 章 電気–機械変換　　　47

- 3.1 起電力と電磁力 ································· 48
  - 3.1.1 起電力 ···································· 48
  - 3.1.2 電磁力 (1) ································· 49
  - 3.1.3 電磁力 (2) ································· 50
  - 3.1.4 誘導電流による電磁力 ····················· 52
- 3.2 力，トルク（torque），パワー（電力：power）··· 53
- 3.3 回転機とリニアモータ ·························· 55
- 3.4 回転磁界 ·· 56
- 3.5 巻線 ·· 58
  - 3.5.1 集中巻と分布巻 ···························· 58
  - 3.5.2 重ね巻と波巻 ······························ 64
- 3.6 回転機の分類 ··································· 65
- コラム ベクトル積 ································· 67

3 章の問題 ·· 68

第 4 章　同　期　機　　69

4.1　はじめに ·· 70
4.2　同期発電機 ·· 71
　　4.2.1　回転数と周波数 ··· 71
　　4.2.2　界磁と電機子 ·· 73
　　4.2.3　電機子巻線誘導起電力 ······································· 73
　　4.2.4　電機子電流による磁束 ······································· 75
　　4.2.5　電機子反作用 ·· 76
　　4.2.6　漏れ磁束 ··· 78
　　4.2.7　同期機の特性表現 ·· 78
　　4.2.8　同期発電機の特性 ·· 82
4.3　単位法 ·· 85
[コラム]　単位法 ·· 86
4.4　出力特性 ·· 87
4.5　同期電動機 ·· 89
　　4.5.1　等価回路 ··· 89
　　4.5.2　出力 ·· 90
　　4.5.3　V 曲線 ··· 92
　　4.5.4　乱調 ·· 93
　　4.5.5　始動と速度制御 ··· 93
　　4.5.6　損失と効率 ·· 94
[コラム]　水素冷却 ··· 95
4 章の問題 ·· 96

第 5 章　直　流　機　　97

5.1　原理と構造 ·· 98
5.2　電機子反作用 ·· 104
5.3　整　流 ·· 106
5.4　直流機の結線 ·· 108

	5.4.1	他励発電機 ·	108

        5.4.2 分巻発電機 ·· 111
5.5 直流電動機の特性 ··· 116
        5.5.1 基本特性 ·· 116
        5.5.2 分巻電動機 ··· 118
        5.5.3 直巻電動機 ··· 120
        5.5.4 複巻電動機 ··· 122
5.6 直流機の損失・効率 ·· 123
        5.6.1 損失 ·· 123
        5.6.2 効率の算定 ··· 123
5.7 直流電動機の始動と速度制御 ····································· 124
        5.7.1 始動 ·· 124
        5.7.2 速度制御 ·· 124
        5.7.3 電動機の制動 ·· 124
  コラム 回生制動 ··· 125
  5章の問題 ··· 126

第6章 誘導機　　　　　　　　　　　　　　　　　　　　　129

6.1 はじめに ··· 130
6.2 構　　造 ··· 131
6.3 基本動作と等価回路 ··· 132
6.4 等価回路の定数測定 ··· 137
        6.4.1 抵抗測定 ·· 137
        6.4.2 励磁回路の定数測定と機械損 ·························· 137
        6.4.3 巻線の抵抗と漏れリアクタンスの測定 ··············· 138
6.5 誘導電動機の特性 ··· 140
        6.5.1 速度トルク特性 ··· 140
        6.5.2 出力速度特性 ·· 141
        6.5.3 損失と効率 ··· 142
6.6 円　線　図 ·· 143
        6.6.1 円線図の作成法 ··· 143

6.6.2 円線図から知る誘導電動機の特性 ･･････････････ 145
6.7 かご形誘導電動機 ･･････････････････････････････････ 148
　　6.7.1 二重かご形 ･････････････････････････････････ 148
　　6.7.2 深溝形 ･････････････････････････････････････ 148
　　6.7.3 ゲルゲス現象 ･･･････････････････････････････ 149
6.8 誘導電動機の始動・速度制御 ･･･････････････････････ 150
　　6.8.1 巻線形誘導電動機の始動 ･････････････････････ 150
　　6.8.2 かご形誘導電動機の始動 ･････････････････････ 150
　　6.8.3 速度制御 ･･･････････････････････････････････ 150
6.9 誘導発電機と誘導ブレーキ ･････････････････････････ 153
　　6.9.1 誘導発電機 ･････････････････････････････････ 153
　　6.9.2 誘導ブレーキ ･･･････････････････････････････ 153
6.10 単相誘導電動機 ･･･････････････････････････････････ 155
　　6.10.1 単相誘導電動機の構造と特性 ･････････････････ 155
　　6.10.2 分相始動単相誘導電動機 ･････････････････････ 156
　　6.10.3 くま取り形単相誘導電動機 ･･･････････････････ 157
6章の問題 ･･･ 158

第7章　概説パワーエレクトロニクス　　　　　　　　159

7.1 スイッチのオン・オフと回路解析とスイッチの仕様 ･･････ 160
　　7.1.1 回路解析 ･･･････････････････････････････････ 160
　　7.1.2 スイッチの仕様 ･････････････････････････････ 162
7.2 半導体スイッチング素子 ･･･････････････････････････ 163
　　7.2.1 自己ターンオン機能も自己ターンオフ機能もない素子 ･･･ 163
　　7.2.2 自己ターンオン機能があるが自己ターンオフ機能がない素子 ･･････････････････････････････････････ 164
　　7.2.3 自己ターンオン機能と自己ターンオフ機能をともに有する素子 ･････････････････････････････････････ 165
　　7.2.4 素子の組合せ ･･･････････････････････････････ 166
　　7.2.5 その他 ･････････････････････････････････････ 166
7.3 電力変換回路 ･･････････････････････････････････････ 167

　　　　　　　　　目　　次　　　　　　　　　xi

　　　　7.3.1　整流器 ･････････････････････････････ 167
　　　　7.3.2　直流–直流変換（直流チョッパ）回路 ････････････ 170
　　　　7.3.3　直流–交流変換（インバータ回路）･･･････････ 172
　　　　7.3.4　交流–交流変換 ･････････････････････････ 173
　　7.4　パワーエレクトロニクスの応用 ･･･････････････････ 174
　　7 章の問題 ･････････････････････････････････････ 175

第 8 章　応用の広がりに対応した電動機（モータ）　　177

　　8.1　いままで述べてきた回転機とこの章で述べようとする電動機との比較 ･･ 178
　　　　8.1.1　材料による比較 ･････････････････････････ 178
　　　　8.1.2　構造上の比較 ･･･････････････････････････ 178
　　　　8.1.3　トルク発生の説明による比較 ･･････････････ 179
　　　　8.1.4　運動の違いによる比較 ･･･････････････････ 179
　　　　8.1.5　設計上の比較 ･･･････････････････････････ 179
　　　　8.1.6　回転センサとしての小形モータ ･･･････････ 180
　　［コラム］双対（そうつい）･･･････････････････････････ 180
　　8.2　リラクタンスモータ ･････････････････････････････ 181
　　8.3　ヒステリシスモータ ･････････････････････････････ 183
　　8.4　永久磁石モータ ･････････････････････････････････ 186
　　8.5　パルスモータ ･･･････････････････････････････････ 189
　　　　8.5.1　リラクタンス形 ･････････････････････････ 189
　　　　8.5.2　永久磁石形 ･････････････････････････････ 191
　　　　8.5.3　ハイブリッド形 ･････････････････････････ 191
　　8.6　リニアモータ ･･･････････････････････････････････ 192
　　8 章の問題 ･････････････････････････････････････ 194
　　［コラム］同期機と永久磁石 ･･･････････････････････････ 194

付　　録　ベクトル（フェーザ）軌跡の作図法　　195

　　A.1　作図法 ･･･････････････････････････････････････ 195
　　A.2　作図法の証明 ･････････････････････････････････ 198

参 考 文 献	202

索　　引	203

[章末問題の解答について]

章末問題の解答はサイエンス社のホームページ
　　http://www.saiensu.co.jp
でご覧ください．

電気用図記号について

本書の回路図は，JIS C 0617 の電気用図記号の表記（表中列）にしたがって作成したが，実際の作業現場や論文などでは従来の表記（表右列）を用いる場合も多い．参考までによく使用される記号の対応を以下の表に示す．

	新JIS記号（C 0617）	旧JIS記号（C 0301）
電気抵抗，抵抗器	▭	⋀⋀⋀
スイッチ	／ （−o−）	−o o−
半導体（ダイオード）	▷⊢	▶⊢
接地（アース）	⏚	⏚
インダクタンス，コイル	‿‿‿	∩∩∩
電源	−∣⊢	−∣⊢
ランプ	⊗	⊕

本書で扱う主な記号（1）

記号	意味
a	巻き数比
$2a$	電機子導体の並列数
b_0	磁束発生に関するサセプタンス，励磁アドミッタンスの虚部
e	誘導起電力
f	周期
g_0	鉄損を表すコンダクタンス，励磁アドミッタンスの実部
i	電流の瞬時値
l	導体の長さ または 漏れインダクタンス
p	界磁の極数
q_r	百分率抵抗降下
q_x	百分率リアクタンス降下
s	すべり
v	電圧の瞬時値
x	リアクタンス
z	電機子導体数
C	キャパシタ（キャパシタンス）
B	磁束密度
D	電束密度
E	電界
E	電圧，平均電圧（$\dot{E}$ は複素電圧）
F	力
G	コンダクタンス
H	磁界

本書で扱う主な記号（2）

H	磁界の強さ
I	電流，平均電流（$\dot{I}$ は複素電流）
J	電流密度
L	インダクタ（インダクタンス）
M	相互インダクタンス
N	導体の数，回転数
P	電力（$\dot{P}$ は複素電力），パワー
R	（電気，磁気）抵抗
T	全体のトルク
V	電圧
W	消費電力
$\dot{Y}$	複素アドミッタンス
Z	インピーダンス（$\dot{Z}$ は複素インピーダンス）または 電機子導体数
α	抵抗の温度係数
$\varepsilon, \varepsilon_0, \varepsilon_r$	誘電率，真空の誘電率，比誘電率
η	効率
λ	鎖交磁束
μ, μ_0, μ_r	透磁率，真空の透磁率，比透磁率
ρ	抵抗率
τ	極ピッチ
ω	角周波数
Φ	磁束
Ψ	電束

1 電気機器と磁気回路

　磁界を利用し，機械エネルギーを電気エネルギーに変換する発電機，電気エネルギーを機械エネルギーに変換する電動機と電気エネルギーの電圧を変換する変圧器の総称を電気機器という．この章では，電気機器を学ぶにあたって，基礎となり，次章の変圧器につながる磁気回路について述べる．また，最近の電気機器の進歩に対して参考となると思われる歴史的電気機器についても概観する．

> **1章で学ぶ概念・キーワード**
> - 磁気回路
> - 永久磁石
> - 鉄損
> - 歴史的電気機器

1.1 はじめに

　電気機器とはエネルギーを変換する装置の1つである．機械エネルギーを電気エネルギーに変換すること（発電機）が最初であった．このときに磁気と運動の作用を利用した．その後，同じものが電気エネルギーを機械エネルギーに変換する電動機（モータ）として働くことがわかり[1]，開発が進められた．また，交流の電圧を変える変圧器も発明され，これも電気機器として扱われる．これらの機器の歴史は100年を超えている．1950年代から，半導体のスイッチングを用いて，電力変換（直流–交流，交流–直流，交流–交流［電圧，周波数］，直流–直流［電圧］）が進められ，上述の発電機，電動機と組合せた電力変換のみならず，多くの応用が盛んに進められてきた．この分野をパワーエレクトロニクスと呼んでいる．この分野も広い意味で電気機器の分野である．

　発電機や電動機は，磁気と運動，または，磁気と電流の作用を利用しているので特に電磁機器とも呼ばれる．主として，機械エネルギーは回転エネルギーを利用，あるいは回転エネルギーに変換するものであり，回転機と呼ばれる．直線運動に変換するものはリニアモータと呼ばれる．直線運動のみならず平面や曲面運動などにも変換され，開発研究が行われるとともに実用化も進んでいる．

　従来，電気機器は機械的諸量や電気的諸量から設計が行われてきた．その開発も行われているが，近年特に電気機器を設置する場所の体積を指定し，それに適した電気機器の設計の要求が高まり，新しい展開が進められている．

　このように新しい電気機器への要求が高まっている．今までにもその時代に応じての要求があり，それに対処する方法として，過去に開発され，その後消え去ったものを改良することも行われてきた．その意味で現在も使用されているものもあるが，歴史的遺物についても概観する．ここで，電磁機器の基礎となる磁気回路とエネルギー機器である電気機器の損失について述べる．

---

[1] 1873年にウィーンで万国博覧会が開かれた．直流発電機が展示，モデル運転があった．当時，電力の利用がなく，電池に電力を蓄えることを示した．発電機の駆動機にエンジンを用いていた．運転員はある朝，燃料を入れるのを忘れていたことに気がつき，あわてて展示物（発電機）を見に行ったところ発電機は回っていた．しかし，燃料はなかった．電池からの電力で発電機は回っていたのだ．すなわち，電動機として回っていた．これが，電動機発見となった．失敗が新しい知見を得る多くの例の1つである．また，1873年は，東京大学の前身である工部大学校に電信学科ができた年である．世界で初の電気系学科であった．

1.2 磁気回路

　発電機は磁界の中の導体の運動で発電する，電動機は磁界と電流による電磁力で回転する．磁気に関しては，電気磁気学として多くの教科書が出版されているので，それらを参考にされたい．磁界解析は近年有限要素法や境界要素法などと呼ばれるソフトウエアが簡単に利用できるようになり，相当複雑なものでも簡単に解析できるようになってきた．しかし，直観的に磁気を理解することも重要である．そこで，旧来からの磁界に関する簡便な解析について触れることにする．

　電流が流れると磁界が図 1.1 のように発生する．電流の方向に対して磁界が右ねじの方向にできる．これが**アンペールの法則**である．

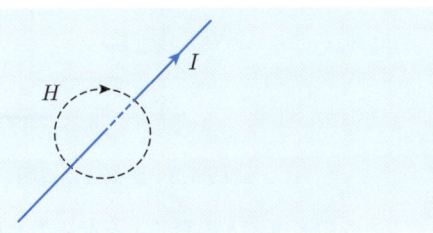

図 1.1　アンペールの法則の模式図 ($N = 1$)

積分形で書けば，

$$\oint H dl = NI + \frac{\partial \Psi}{\partial t} \tag{1.1}$$

ただし，H は磁界の強さ，単位は A/m，dl は長さ，N は導体の数，I は電流，Ψ は電束である．微分形で書けば，

$$\text{rot}\, H = J + \frac{\partial D}{\partial t} \tag{1.2}$$

となる．J は電流密度，D は電束密度である．

　周波数の高い場合は (1.2) 式の第 2 項が無視できないが，電気機器で使用される範囲では第 2 項を無視して考える場合がほとんどである．

　磁界の強さ H と磁束密度 B には透磁率 μ として

$$B = \mu H \tag{1.3}$$

の関係がある．磁束密度の単位は T（テスラ）である．透磁率の単位は H/m である．

図 1.2 に示すようなロの字形の磁性体にコイルが N 回巻かれ，電流 I が流れていると考える．磁性体の透磁率 μ はまわりに比べて非常に大きいとすると磁束は磁性体内だけにあると考えられる．また，磁性体内を均一に磁束が分布しているとする．ロの字形の中心の周長（平均の長さ）を l [m] とすると，(1.1) 式（右辺第 2 項無視），

$$Hl = NI$$

となる．

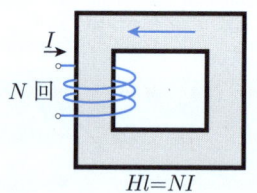

図 1.2 磁気回路説明図

このコイルの巻数と電流との積 NI を**起磁力**と称する．

ここで単位について考える．電流の単位は A であるので起磁力の単位はアンペアと巻数の積となり，アンペアターン（AT）と称している場合が多いが，単位は電流と同じ A である．

ロの字形の断面積を S [m^2] とし，断面積内の磁束密度が一様とすると，磁束 Φ [Wb] は，

$$\Phi = BS \tag{1.4}$$

となる．

起磁力と磁束の関係は，

$$NI = \frac{l}{\mu S}\Phi \tag{1.5}$$

となる．起磁力を電気回路の起電力，磁束を電気回路の電流に対応させると $l/\mu S$ は電気回路の抵抗に対応する．このことから $l/\mu S$ を**磁気抵抗**（magnetic reluctance）と称し，記号は R_m とされる．起磁力，磁束，磁気抵抗からなる

1.2 磁気回路

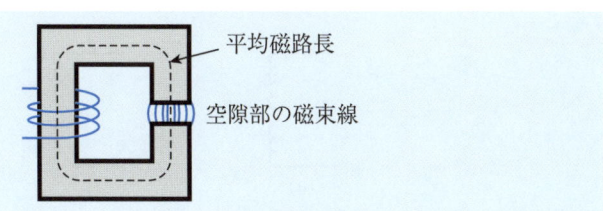

図 1.3 空隙を含む磁気回路の例

回路を考え，それを磁気回路 (magnetic circuit) という[2]．磁気抵抗の逆数をパーミアンス(permeance) という．

例1 この磁気回路の考え方を用いて，図 1.3 のように空隙部がある磁性体にコイルを巻いたものの磁性体内の磁束を計算する．空隙部は図のように磁束線が膨らむ（これを**フリンジング**と称する）．詳細な計算ではこのフリンジングを無視することはできないが，簡単に理解するためにこれを無視する．すると，磁束密度を一様であると考えることができる．磁性体内の磁束が通る平均距離（平均磁路長）を l_m [m], 空隙部の磁路長を l_g [m], 磁性体の比透磁率 μ_r, 空隙部の透磁率を μ_0 [H/m] とすると，空隙部の磁気抵抗 R_{ma} [A/Wb], 磁性体の磁気抵抗 R_{mm} [A/Wb] はそれぞれ

$$R_{ma} = \frac{l_g}{\mu_0 S}, \quad R_{mm} = \frac{l_m}{\mu_r \mu_0 S} \tag{1.6}$$

となる（S は断面積）．したがって磁束 Φ は，

$$\Phi = \frac{NI}{R_{ma} + R_{mm}} = \frac{\mu_r \mu_0 S}{\mu_r l_g + l_m} NI \tag{1.7}$$

となる．空隙部が少しあるだけで発生できる磁束が小さくなることがわかる．

流す電流を変化させるとコイル間に電圧が発生する（ファラデー・レンツの法則）．このときの電流と電圧の向きは図 1.4(a) のようにとると（電圧源の場合

---

[2] 電気回路と磁気回路の対応を電磁気学的に考える．$\oint H dl - NI = 0$ に対して，電気回路のキルヒホッフの電圧則は，各部の電圧 v [V] と電源電圧 E [V] について，$\oint v dl - E = 0$ と表されるのと対応していると考えることができる．一方，磁束に対しては，$\oint B dS = 0$ ($\mathrm{div}\, B = 0$) であり，電気回路のキルヒホッフの電流則は $\oint J dS = 0$ ($\mathrm{div}\, J = 0$) と考えられる．このように電気回路と磁気回路は対応している．

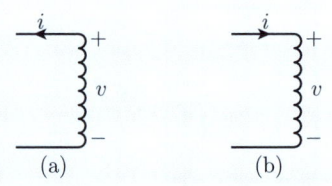

図 1.4 コイルの電流と電圧の方向

の電流電圧の方向と同じ)，

$$v = -N\frac{d\Phi}{dt} \tag{1.8}$$

となる．この $N\Phi$ を鎖交磁束と称する．コイルのインダクタンスを求めるときは電流と電圧の向きは同図 (b) のようにとるから，

$$v = N\frac{d\Phi}{dt} \tag{1.9}$$

となる．変化する電流を小文字 i と記すと，インダクタンス L [H] は，

$$L = \frac{N\Phi}{i}$$
$$= N^2\frac{\mu_r\mu_0 S}{\mu_r l_g + l_m}$$

となる．インダクタンスの単位は H（ヘンリー）であるので，透磁率の単位は H/m となる． □

　電気回路の電流は，磁気回路において起磁力となる．電気回路において，電流は当然キルヒホッフの電流則に従う．磁気回路における起磁力はキルヒホッフの電圧則に従うことになる．つまり，電流が磁気回路におけるキルヒホッフの電圧法則に従うこととなる．電気回路の電圧は，磁気回路において磁束に対応する．磁束は磁気回路においてキルヒホッフの電流則に従う．上記と同様に，電気回路の電圧が磁気回路においてキルヒホッフの電流則に従うことになる．

1.3 BH 曲線

磁束密度と磁界の関係は線形であることの仮定のもとに，以上の説明をしてきた．磁束発生のための電磁石の磁性材料のその関係は一般に非線形である．図 1.5 はある磁性体の磁束密度 B と磁界 H の関係を模式的に描いたものである．最初 $H = 0$ から磁界を増加させると（電磁石の電流を増加させる），磁束密度は $B = 0$ から増加する．その後磁界を減少させたとき，同じ磁界に対して高い磁束密度の値を持つ．再び $H = 0$ としても磁束密度は 0 とならない．このときの磁束密度 B_r を**残留磁束密度** (remanence) といい，H を 0 より減少させて，B が 0 となったときの磁界を**保持力** (coercive force) といい，H_c と記す．

H を

$$+H_m \to 0 \to -H_m \to 0 \to +H_m$$

と 1 サイクル変化させると，図 1.5 のようなループを描く．これをヒステリシス (hysteresis) 曲線と呼ぶ．

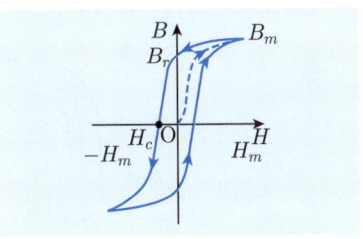

図 1.5 ヒステリシス曲線

磁界の持つエネルギー密度 w_m は，

$$w_m = \int H dB \tag{1.10}$$

と表されるから，上述の 1 サイクル変化させたこの積分値はヒステリシスループの面積に負号をつけたものになる．1 サイクルごとにそれだけエネルギーを消費したことになる．このエネルギーは磁界を変化させる（電流を変化させる）電源から供給される．すなわち損失である．この損失を磁性体の**ヒステリシス損失**という．

この非線形性やヒステリシス特性は，損失が生じたり，解析が複雑になるなどの欠点もあるが，この特性を利用している場合も多い．その 1 つが次の永久磁石である．

1.4 永久磁石

ヒステリシス特性を利用すれば，電磁石のコイルの電流を零としても磁束密度が存在する．このことを利用したのが永久磁石である．優秀な永久磁石が多くなり（優秀である評価に関しては後述する），電動機などに多く使用されてきている．永久磁石は CGS（センチメートル，グラム，秒）単位系で特性を表現する場合が多いことに注意する必要がある．永久磁石では，磁界の強さを Oe（**エルステッド**）（1 [Oe]=$10^3/4\pi$ [A/m]），磁束密度を**ガウス**（1 ガウス=10^{-4} [T]）で表される場合が多い．

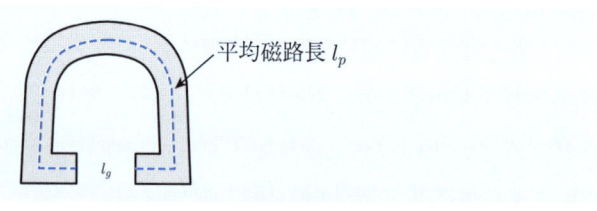

図 1.6　永久磁石を含む磁気回路

図 1.6 のような馬蹄形の永久磁石と空隙からなる磁気回路を考える．永久磁石内も空隙部も一様な磁束密度であるとする．コイルがなく，電流も流れないので，

$$\oint H dl = 0 \tag{1.11}$$

である．永久磁石と空隙の磁界をそれぞれ H_p [A/m]，H_g [A/m] とし，各々長さを l_p [m]，l_g [m] とする．空隙の磁束密度 B_g の方向を正とすると

$$H_p l_p + H_g l_g = 0$$

となり，$B_g = \mu_0 H_g$ であるから，$H_p < 0$ となる．したがって，永久磁石の $H_p < 0$ における特性が重要であることになる．

永久磁石の特性が図 1.7 のように与えられたとすると，それと直線 $B = -\dfrac{\mu_0 l_p}{l_g} H_p$ との交点がこの磁気回路の磁束密度と永久磁石の磁界を示す．

永久磁石を用いた磁気装置で高い磁束密度を得るためには，高い残留磁束密度と高い保持力が必要となる．同じ残留磁束密度と保持力を持つ 2 つの永久磁

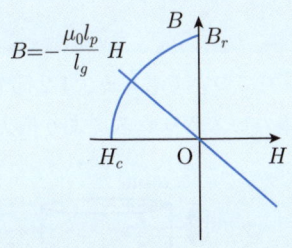

図 1.7 永久磁石を含む磁気回路の計算（図式解法）

石があるとするとそのよさは，その特性において積 BH が大きいことであることは容易にわかる．この積と残留磁束密度 B_r，保持力 H_c が永久磁石の評価指標である．

💡 工学と図式解法

　図を用いて解を求めることの有用性は，例えば，2次方程式の解を求めることなどですでに習っているところである．抽象的なことを具体的に視覚的に知ることができる．さらに，ここで示した永久磁石の動作点を知るのみならず，永久磁石の有用性を知るためには，その第2象限の特性がポイントであることが分かる．電子回路における動作点も同様のものである．

　また，例えば，非線形解法であるニュートン法における解法の理解にも有用である．

　このときに，図による解法に至る前の図が重要である．すなわち，どのようなパラメータで特性を整理するのか，2次元で表現した場合，縦軸と横軸の取り方などは非常に重要である．教科書等で記述されているグラフは先人が苦労して，その表現法を確立したことに敬意を払ってほしい．また，今後，いままでにない新しいことを表現するときに，図表現の重要性が認識されるであろう．

　電気工学における電気は目に見えないものである．これをいろいろ視覚的に示すことが進められた結果，いろいろ理解するのが容易になった．ベクトル図もその一つである．複素数を意識せずに電気回路が直観的に理解できる．複素数を知っているものにとっても直観的に理解できる．ベクトル軌跡は，計算せずに，頭の中で理解できる．シミュレーションソフトが充実しているいまこそ，図式解法の有用性を認識してほしい．

1.5 損　　失

ここで，電磁石による損失について考える．1.2 節で述べたようにコイルの電流を変化させると，磁性体のヒステリシスにより損失が生じる．

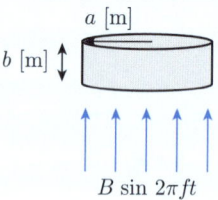

図 1.8　渦電流説明図

さらに，磁性体が導体である場合が多く，コイル電流変化に対して，磁性体内に起電力が発生し，その起電力により磁性体内に電流が流れ，それによる損失が生じる．これを**渦電流損失**という．図 1.8 のような円板（半径 a [m]，厚さ b [m]，抵抗率 ρ [Ωm]）に垂直に磁束密度 $B\sin 2\pi ft$ の磁束がかけられているとする．円板の中心に中心を持ち，半径 r の円の円周における起電力は，

$$\frac{d\phi}{dt} = \frac{d}{dt}\left(\pi r^2 B \sin 2\pi ft\right) = 2\pi^2 r^2 f B \cos 2\pi ft \tag{1.12}$$

となる．幅 Δr の円周に流れる電流 Δi は，

$$\Delta i = \frac{2\pi^2 r^2 f B \cos 2\pi ft}{\rho \cdot 2\pi r / \Delta r b} = \frac{\pi r f B b \cos 2\pi ft}{\rho}\Delta r \tag{1.13}$$

となり，消費電力 ΔW_e は，

$$\Delta W_e = \frac{\rho \cdot 2\pi r}{\Delta r b}\left(\frac{\pi r f B b \cos 2\pi ft}{\rho}\Delta r\right)^2 = \frac{2\pi^3 r^3 f^2 B^2 \cos^2 2\pi ft}{\rho}b\Delta r \tag{1.14}$$

であり，1 周期の損失は，

$$\int_0^{\frac{1}{f}} \frac{2\pi^3 r^3 f^2 B^2 \cos^2 2\pi ft}{\rho}b\Delta r dt = \frac{\pi^3 r^3 f B^2}{\rho}b\Delta r \tag{1.15}$$

である．円板の全損失（1 秒間）は，

$$f\int_0^a \frac{\pi^3 r^3 f B^2}{\rho}b dr = \frac{\pi^3 a^4 f^2 B^2 b}{4\rho} \tag{1.16}$$

となる．以上は，円板に流れる電流による磁界を考慮していない．考慮するとこれより小さい損失となる（章末問題3）．ここでは損失が磁束密度の2乗，周波数の2乗に比例することを示した．また，円板の半径の4乗に比例する．

　一般に，渦電流損失を少なくするため，磁界の方向に対する面積を小さくすることが施されている．また，図1.9に示すように薄い磁性体を用いる．磁性体として鉄を利用する場合が多いため，この薄い鉄板に絶縁物を介して並べる．このことを**積層鉄板**とか**積層鉄芯**という．積層鉄芯に占める鉄芯の割合を**スタッキングファクタ**という．当然のことであるが薄い鉄板を使用するとスタッキングファクタは小さくなる．

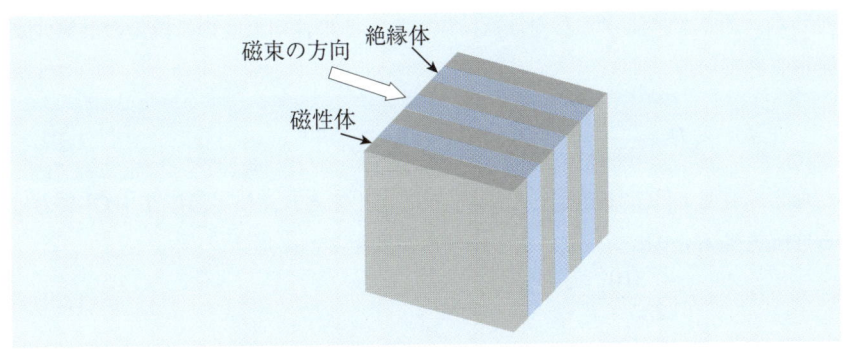

図 1.9　積層鉄板の模式図

以上，磁性体の損失をまとめると，

$$\text{ヒステリシス損失}：W_h \propto (\text{ヒステリシスの面積}) \times f \quad (1.17)$$

$$\text{渦電流損失}：W_e \propto f^2 B^2 \quad (1.18)$$

となる．ヒステリシスの面積は $B^{1.5-2.5}$ に比例することが知られているが，損失を含めた電磁石の等価回路を簡単にするために，B^2 に比例するとして計算を行う場合が多い．

　磁界は電圧に比例することから，両損失とも電圧の2乗に比例する．また電磁石の電流は巻線の抵抗により損失がある．これを合わせて，図1.10に示すような等価回路を用いる．

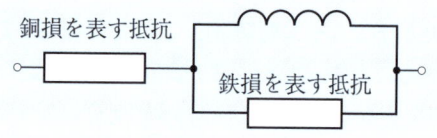

図 1.10 電磁石の等価回路

ヒステリシス損失と渦電流損失を合わせて**鉄損**といい，巻線を流れる電流による損失を**銅損**という．

銅損の算出に測定した巻線抵抗が用いられるが，温度によって巻線抵抗値が変わる．そこで，測定した巻線抵抗値から，その使用温度の抵抗値の計算式が提示されている．

$$R_T = R_t \frac{235+T}{235+t} \tag{1.19}$$

ただし，温度 t [°C] で測定した抵抗値 R_t [Ω] であり，使用温度 T [°C] における抵抗値は R_T [Ω] である．さらに使用温度を 75° と考え，

$$R_T = R_t \frac{310}{235+t} \tag{1.20}$$

と計算する場合も多い．

例題 1.1

(1.19) 式を導け．

【解答】 0° の抵抗値 R_0 [Ω] を用いて，t [°C] の抵抗値 R_t [Ω] は，抵抗の温度係数 α_0 [1/°C] を用いて，$R_t = R_0(1+\alpha_0 t)$ と表される．同様に $R_T = R_0(1+\alpha_0 T)$ となるので，

$$R_T = R_t \frac{1+\alpha_0 T}{1+\alpha_0 t} = R_t \frac{\frac{1}{\alpha_0}+T}{\frac{1}{\alpha_0}+t}$$

が得られる．銅の温度係数，$\alpha_0 \simeq 4.25 \times 10^{-3}$ [1/°C] として，(1.19) 式が得られる．

1.6 歴史的電磁機器

電気機器が開発発展途中で様々な電磁機器が発明され，応用されてきた．現在，他のものに置き換わられて姿を消しつつあるもののいくつかを紹介する．現在，様々な電磁応用機器が改良，発展しているが，昔のこれらに機器そのものに近いものであったり，それをヒントにして発明されているように思えるのでここでの紹介は無意味でないと考える．

1.6.1 磁気増幅器

磁気飽和特性を持つ鉄芯に2つの巻線を施し，一方に直流電流(制御電流)を流すことにより，磁気特性を変化させる．

もう1つの巻線には交流電源と負荷が直列に接続されているとするとその回路のリアクタンスが制御電流により変化する．このことを利用した増幅器を磁気増幅器という．直流電源，整流回路，交流電源からなる．多くの応用において半導体電力変換器に置き換わったが，堅牢で温度などの環境変化に強く，現在も使用されている．

1.6.2 直流単極機

図1.11のように磁界の方向に垂直な円板を回転させると図のような起電力が生じる．また，逆に円板に直流電流を流すと回転する．このことを利用したのが単極機である．空間に高磁界を必要とすることから電流源的な電源とした特殊なところで使用された実績がある．近年，超電導磁石により空間に高磁界を得ることができるので，超電導単極機が開発された．回転部から静止部への集電に難しい点がある．

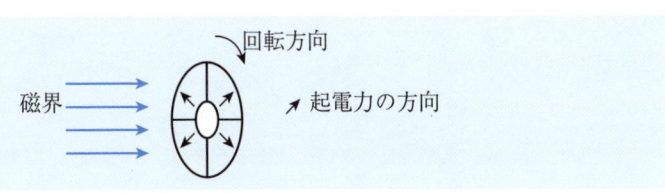

図 1.11　単極機の原理図

1.6.3 回転増幅器

直流機の電機子反作用の特性を利用し，電力増幅を行うものであり，アンプリダイン，ロートトロールなどの名称が付けられた．半導体電力変換機に置き換わられた．新たな考えが出るかどうか興味のあるところである．

1.6.4 シンクロ

図 1.12 に原理図を示す．左側の回転部を回すと右側の回転部がそれに応じて回る．電磁力を利用して，機械的に接続なしで，上述のようなことを行うものをシンクロという．図 1.12 に原理図を示す．2 つの回転機を用い，回転部には三相巻線を施し，対応する端子を接続する．固定部の巻線は，交流電源を介して接続する．一方を回すと回転部の巻線に電流が流れ，両回転機が同じ位置を保つ．パワーエレクトロニクスや情報伝達の発展により，姿を消したように見えるが，この原理の応用は広く使われていると言ってよいと思われる．

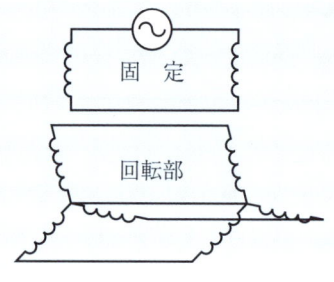

図 1.12 シンクロの原理図

1章の問題

☐**1** 図 1.3 回路において，鉄芯の断面積を S [m²] とし，空隙の長さ（ギャップ長 (gap length)）を l [m] とする．コイル電流を I [A] としたとき，ギャップに B [T] の磁束密度を発生させるためのコイルの巻数 n を求めよ．ただし，鉄芯（磁性体）の透磁率を無限大とする．また，このときのコイルのインダクタンスを求めよ．

☐**2** 図 1.13 の磁気回路において，3つの磁性体は同じ正方形の断面 (S [m²]) を持つとする．①の材料の透磁率，②の透磁率，③の透磁率を，それぞれ μ_1, μ_2, μ_3 [H/m] とする．平均磁路長を図 1.1(b) のように考えることにする．コイル①と②の巻数をそれぞれ，n_1, n_2 とし，電流をそれぞれ，I_1, I_2 [A] としたときの磁性体③の磁束密度を求めよ．また，コイル①と②の相互インダクタンスを求めよ．

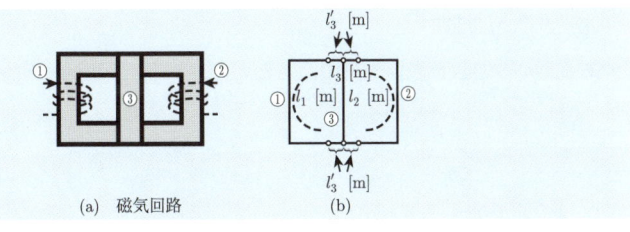

図 1.13

☐**3** 図 1.12 のような永久磁石を有する円環の磁気回路を考える．永久磁石と磁性体は同じ断面積 (S [m²]) であり，その平均磁路長をそれぞれ l_p, l_m [m] とし，磁性体の透磁率を μ [H/m] とする．永久磁石の特性を

$$H = c_1 B + c_3 B^3$$

としたとき，磁性体内の磁束密度を求める計算式を示せ．ただし，H [A/m] は磁界，B [T] は磁束密度であり，c_1, c_3 は定数である．

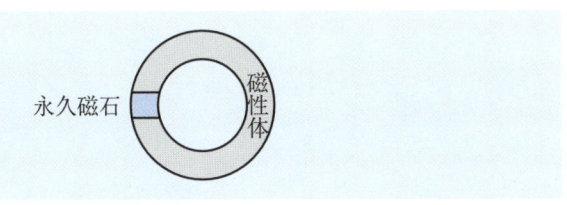

図 1.14

4 ある電気機器を 50 Hz で使用すると鉄損が 100 W であった．60 Hz で使用すると鉄損は 132 W であった．50 Hz で使用時のヒステリシス損，渦電流損はいくらか．

5 広さが無限の厚さのある導体平板に垂直に変動磁界（角周波数 ω）が加わっている．そのときの導体（導電率 σ，透磁率 μ）には磁界による渦電流が流れる．この電流により磁界の一部は遮蔽される．厚さ方向を z として，z 方向の磁束分布が
$$\frac{\partial^2 B}{\partial z^2} = j\omega\sigma\mu B$$
と表されることを示せ．ただし，磁束は $B_z = Be^{j\omega t}$ と表されるとする．また，その解が
$$B = B_0 e^{(-a-ja)z}$$
となることを示せ．ただし，
$$a = \sqrt{\frac{\omega\sigma\mu}{2}}$$
である．a の逆数を表皮効果の深さという．

2 変 圧 器

　変圧器の役割は，与えられる交流電圧を所望の電圧に変換することである．この変圧器の発明により，電圧が比較的簡単に変更できることとなり，交流での送電・配電が主流となって現在に至っている．また，変圧器を介して2つ以上の回路を接続することで，回路間の絶縁ができることも交流送配電が採用された理由の一つでもある．この絶縁を目的とした変圧器を特に絶縁変圧器という．変圧器は第1章でも述べた電磁誘導を利用したものである．本章で変圧器の原理，等価回路，変圧器の構造・特性について述べる．

2章で学ぶ概念・キーワード
- 等価回路
- 試験法
- 電圧変動率
- 効率
- 結線法

2.1 変圧器の原理と理想変圧器

図 2.1 のように磁性体に 2 つのコイルが巻かれた装置を考える．コイルのそれぞれの巻数を n_1, n_2 とする．磁性体の透磁率は非常に大きくコイル 1 に鎖交する磁束は全てコイル 2 に鎖交するとする．磁性体の磁気抵抗を R_m [A/Wb] とする．

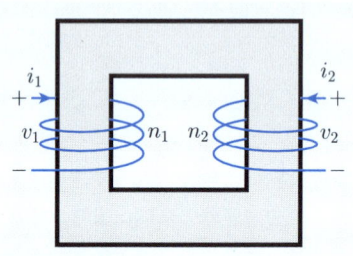

図 2.1 変圧器模式図

コイル 2 の端子 2 は開放されているとする．コイル 1 に電流 i_1 [A] を流すと，発生する磁束 $\varPhi$ [Wb] は，

$$\varPhi = n_1 i_1 / R_m \tag{2.1}$$

となる．$i_1 = \sqrt{2} I \sin \omega t$ とすると，コイル 1 の電圧 v_1 [V] は，

$$v_1 = n_1 \frac{d\varPhi}{dt} = \sqrt{2} \frac{n_1^2}{R_m} \omega I \cos \omega t \tag{2.2}$$

となる．電圧の方向は図 2.1 に示した通りである．

コイル 2 の電圧 v_2 [V] は，磁束を増加させる方向を電流の方向とし，電圧の方向を電流の方向と逆（抵抗の電圧と電流の関係と同じ）とすると，

$$v_2 = n_2 \frac{d\varPhi}{dt} = \sqrt{2} \frac{n_1 n_2}{R_m} \omega I \cos \omega t \tag{2.3}$$

となる．

次に，端子 2 に抵抗 R [Ω] を接続した場合を考える．鉄芯の磁束 $\varPhi$ [Wb]，それぞれの端子の電圧 v_1 [V]，v_2 [V] は，

$$\varPhi = \frac{n_1 i_1 + n_2 i_2}{R_m}, \quad v_1 = \frac{dn_1 \varPhi}{dt}, \quad v_2 = \frac{dn_2 \varPhi}{dt} \tag{2.4}$$

2.1 変圧器の原理と理想変圧器

となり，$v_1 : v_2 = n_1 : n_2$ である．端子 2 の電流 i_2[A] を

$$i_2 = -\sqrt{2} I_2 \sin \omega t \tag{2.5}$$

とすると，

$$v_2 = \sqrt{2} R I_2 \sin \omega t, \quad v_1 = \frac{n_1}{n_2} \sqrt{2} R I_2 \sin \omega t \tag{2.6}$$

となる．端子 1 の電流 i_1[A] を

$$i_1 = \sqrt{2} I_1 \sin(\omega t - \theta) \tag{2.7}$$

として，I_1 と θ を求めると

$$\begin{aligned}
i_1 &= \sqrt{2} \frac{n_2}{n_1} I_2 \sin \omega t - \sqrt{2} \frac{n_2 R R_m}{n_1^3 \omega} I_2 \cos \omega t \\
&= \sqrt{2} \frac{n_2}{n_1} I_2 \sin \omega t + \frac{R_m}{n_1^2} \int v_1 dt
\end{aligned} \tag{2.8}$$

となる．第 1 項は 2 次側の電流を 1 次側に換算したものである．第 2 項の R_m/n_1^2 はコイル 1 の自己インダクタンスの逆数である[1]．第 2 項が無視できるとすると，1 次電流と 2 次電流の関係が

$$n_1 i_1 + n_2 i_2 = 0 \tag{2.9}$$

であることを示している．これと電圧の関係

$$v_1 : v_2 = n_1 : n_2 \tag{2.10}$$

の 2 つで示される素子を**理想変圧器（変成器）**という．理想変圧器を図 2.2 のような回路記号で示す．上式が成り立つためには，図中・（ドット）がある端子に電流が流れ込み，・を正とする端子電圧とする必要がある．理想変圧器は，漏れインピーダンスがなく，励磁インピーダンスが無限大の変圧器である．

---

[1] 自己インダクタンス L と鎖交磁束 $N\Phi$ の関係：$Li = N\Phi$．起磁力と磁束の関係：$\Phi = \dfrac{Ni}{R_m}$ より，$L = \dfrac{N\Phi}{i} = \dfrac{N^2}{R_m}$ が得られる．

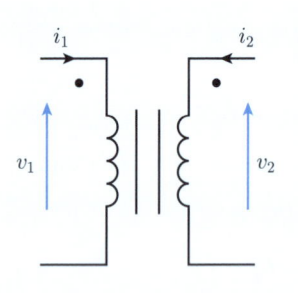

図 2.2　理想変圧器

例題 2.1

図 2.2 で示す理想変圧器の 2 次側にインピーダンス $\dot{Z}$ の負荷をつないだ．1 次側から見たインピーダンスを求めよ．

【解答】　複素電圧と複素電流を全て大文字 $\dot{V}_1, \dot{V}_2, \dot{I}_1, \dot{I}_2$ で示す（以下，・（ドット）をつけた i, I は複素電流，$v, \dot{V}$ は複素電圧を表す）．1 次と 2 次の電圧と電流の関係は，それぞれ

$$\dot{V}_1 : \dot{V}_2 = n_1 : n_2$$

$$n_1 \dot{I}_1 + n_2 \dot{I}_2 = 0$$

であるから，2 次側の電圧と電流の関係

$$\dot{V}_2 = -\dot{Z}\dot{I}_2$$

を用いて，

$$\dot{V}_1 = \left(\frac{n_1}{n_2}\right)^2 \dot{Z}\dot{I}_1$$

が得られる．したがって，解は $\left(\dfrac{n_1}{n_2}\right)^2 \dot{Z}$ となる．　∎

$a = n_1/n_2$ を巻数比と呼ぶ．巻数比を用いると例題 2.1 の解は $a^2 \dot{Z}$ となる．

漏れ磁束のない場合を考えてきた．これは**完全結合**の相互誘導素子である．(2.8) 式より，その等価回路は理想変圧器を用いて，図 2.3 のように示される．(2.8) 式の第 2 項は 2 次側に電圧を誘起させるために必要な磁束を発生させる電流である．これを**励磁電流**という．理想変圧器は励磁電流を必要としない完全

2.1 変圧器の原理と理想変圧器

結合相互誘導素子であるということができる．

完全結合の相互誘導素子の理想変圧器を用いた等価回路を図 2.3 に示す．

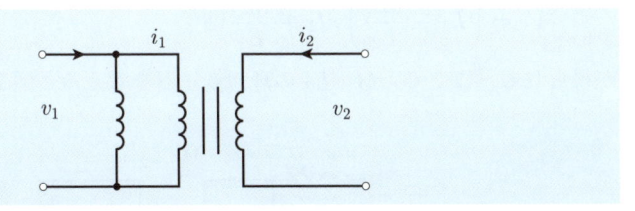

図 2.3 完全結合相互誘導素子の理想変圧器を含む等価回路

漏れ磁束がある場合は，その磁束発生を示すインダクタンスを加え，図 2.4 のような等価回路となる．

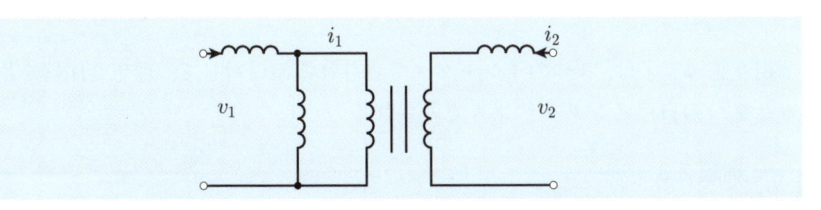

図 2.4 漏れ磁束がある場合の変圧器の等価回路

以上が変圧器の原理である．ただし，ここでは，変圧器の損失を考慮していない．なお，$a = n_1/n_2$ を**巻数比**という．次節の 2.2 で損失について考える．

例題 2.2（電気回路の問題）

次式で示される相互誘導素子を，自己インダクタンスと理想変圧器を用いた等価回路を求めよ．

$$\begin{bmatrix} v_1 \\ v_2 \end{bmatrix} = \frac{d}{dt} \begin{bmatrix} L_1 & M \\ M & L_2 \end{bmatrix} \begin{bmatrix} i_1 \\ i_2 \end{bmatrix}$$

【解答】 図 2.5 に示す．

理由：上式を $\dfrac{d}{dt} \equiv s$ とおいて，次のように書き換えて考える．

$$V_1 = L_1 s I_1 + M s I_2$$

$$V_2 = M s I_1 + L_2 s I_2$$

ここで，$I_2 = \dfrac{V_2}{L_2 s} - \dfrac{M}{L_2} I_1$ となるから，

$$V_1 = \left(L_1 - \dfrac{M^2}{L_2}\right) s I_1 + \dfrac{M^2}{L_2} V_2$$

が得られる．ここで，$M : L_2$ の理想変圧器を考えると図 2.5 が得られる．

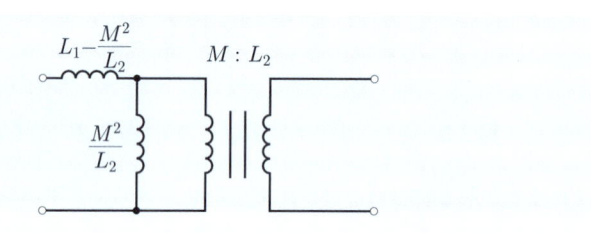

図 2.5 相互誘導素子の理想変圧器を用いた等価回路

相互誘導素子は，3 つのインダクタで表されるのに対して，理想変圧器を用いると 2 つの自己インダクタンスで表される．

―― 例題 2.3 ――
上述のことはなぜか．

【解答】 T 形回路で 3 つのインダクタで表されるが，回路の独立変数は 2 である（3 つのインダクタの電流は独立でない）．したがって，2 つのインダクタで表しても矛盾はしない．

―― 例題 2.4 ――
現在日本における送電電圧の最高値は 500 kV（電力関係者は，このように記述して，50 万 V と呼称する）である．その 1 つ低圧の送電電圧は，275 kV である．理想変圧器を用いて，275 kV から 500 kV へ昇圧したとする．500 kV の送電線のインピーダンスを 275 kV に換算するとどのようになるか．

【解答】 $a = \dfrac{275}{500}$ より，0.3025 倍になる．

上記のことが，送電電圧を高くする理由である．このとき，絶縁が大きな課題となる．

2.2　損失を考慮した変圧器

　磁気結合を用いて変圧器がつくられるが，そこには損失が生じる．1つは磁性体のヒステリシスによる損失（ヒステリシス損失）と磁性体内に流れる渦電流による損失である．これをまとめて**鉄損**という．ヒステリシス損失はヒステリシスループの面積に比例するが，それを簡単のために磁束密度の2乗に比例すると考えると，鉄損は磁束密度の2乗，すなわち電圧の2乗に比例するから，励磁を表現するインダクタに並列の抵抗で表現できる．

　コイルの導線に流れる電流により，損失が生じる．これを**銅損**という．これはその電流の2乗に比例するから，直列抵抗で表現できる．したがって，実際の磁性体とコイルからなる変圧器の等価回路は，図 2.6 のように求められる．鉄損を表す抵抗はコンダクタンス g_0 [S] で表し，磁束発生に関係するインダクタはサセプタンス b_0 [S] で表現することが多い．

　なお，S はジーメンスと読み，抵抗の単位 Ω の逆数である．

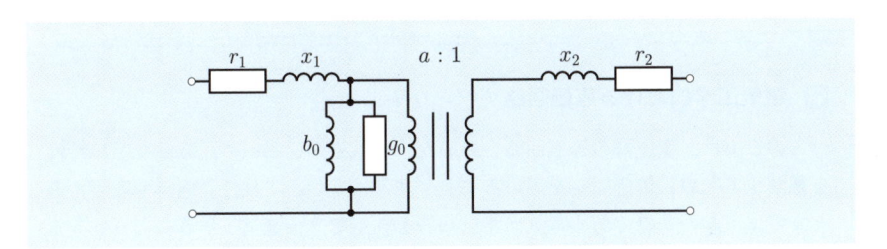

図 2.6　損失を考慮した変圧器の等価回路

　さらに，理想変圧器をのぞく1次側換算の等価回路は，上述の変換を考慮すると，図 2.7 のようになる．

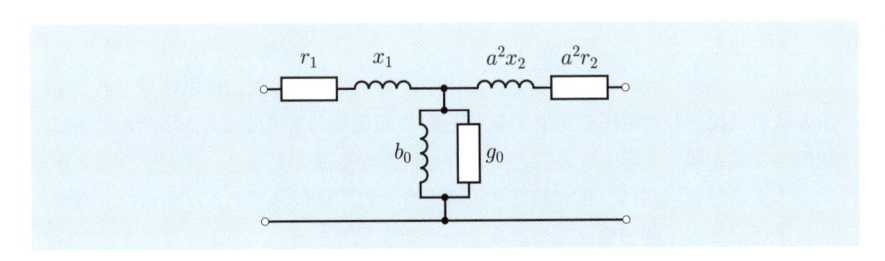

図 2.7　1次側等価回路

これを **T 形等価回路**という．さらに考察を簡単にするために，図 2.8 に示すような等価回路が考えられる．1 次側諸量を 2 次側に移動させた回路である．これを **L 形等価回路**，または **簡易等価回路** という．簡易等価回路は，計算するのに便利であるが，誤差を含む．しかし，この誤差が問題となるような変圧器は，励磁回路 ($g_0 + jb_0$) のアドミッタンスが大きく，励磁電流が非常に大きいことを意味するので，よい変圧器でない．通常使用される変圧器は，励磁電流が小さく，簡易等価回路を用いて，議論しても問題がない．

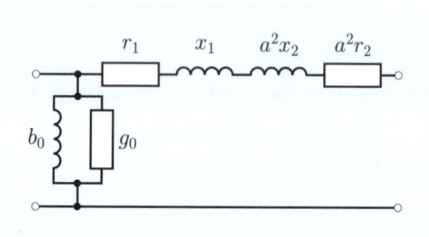

図 2.8 L 形（簡易）等価回路

📖 電気工学における等価回路

　この章では，変圧器の等価回路を導いた．電気工学において，装置などの特性を理解するために等価回路を用いることが非常に多い．これは，回路で表現すると，電気工学の基礎である電気回路に知識を利用でき，電気工学者にとって非常に分かりやすいものとなるからである．逆に「電気回路」が電気工学の基礎と言われる所以でもある．

　電気回路素子として，電流の比例として電圧が与えられる抵抗，電流の時間変化に比例して電圧が与えられるインダクタ，電圧の時間変化に比例して電流が与えられるキャパシタがあり，ある種の線形の微分方程式を回路で表すことができることになる．さらに，理想変成器を導入すると式の回路表現の利用幅が増える．

　トランジスタなどの能動素子を含む回路においても，電流制御電圧源（ある場所の電流に比例した電圧を発生する電圧源），電圧制御電流源（ある場所の電圧に比例した電流源）を導入することで，等価回路が形成できる．バイポーラートランジスタの等価回路は，電流制御電流源を含めた等価回路である．これは，電流制御電圧源と電圧制御電流源の組み合わせで表現できる．このようなことで，線形微分方程式で表現される系の等価回路が得られることになる．

2.3 変圧器の構造

変圧器は，導電材料，磁性材料，絶縁材料からなり，さらに冷却も考慮しなければならない．

冷却に関して：変圧器はその容積を V としたとき，容量が $V^{4/3}$ なることが知られている．損失は，容積に比例し，発生熱と考えると，その熱は放散させなければならない．十分な表面積があれば，自然に熱放散ができる．表面積は $V^{2/3}$ となるために，大容量になればなるほど，発生熱に対する表面積が小さくなるので，冷却を考えなければならない．

2.3.1 導電材料と巻線

導電材料は通常銅である．巻線は，円筒巻線，円板巻線，長方形板状巻線が採用される．

2.3.2 磁性材料と磁気回路

磁性材料として，主としてケイ素鋼板が用いられる．渦電流損失をおさえるために，薄い鋼板を絶縁して積み重ねた積層鉄芯と呼ばれるものが用いられる．

鉄芯と巻線の関係である磁気回路から**内鉄形**と**外鉄形**に分類される．内鉄形の横から見た断面模式図（正面図）を図 2.9 に示す．円筒巻線や円板巻線が用いられる．鉄芯に近いほうに低圧巻線を施す．外鉄形を上から見た断面模式図（平面図）を図 2.10 に示す．低圧巻線，高圧巻線を交互に配置する．長方形板状巻線が採用される．

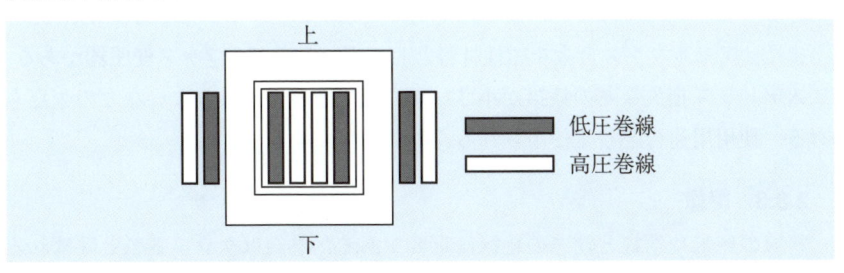

図 2.9 内鉄形変圧器の模式図（上部より見た図）（正面図）

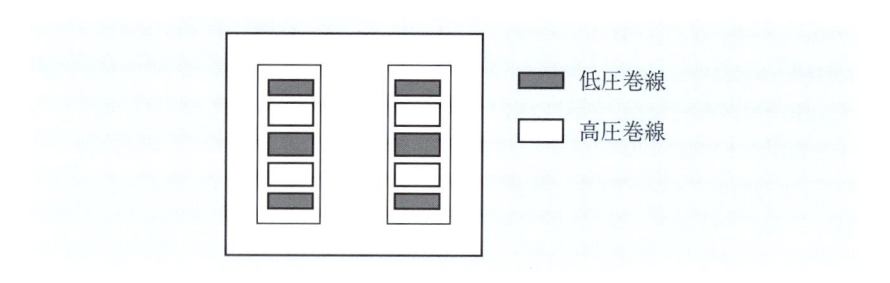

図 2.10　外鉄形変圧器模式図（平面図）

以上の鉄芯は，積層鋼板を重ねて使用し，磁気回路を構成するが，1枚の絶縁された薄い鋼板を巻線のように巻いて磁気回路を構成する**巻鉄芯**と呼ばれる方法もある．小形の変圧器に用いられる．巻鉄芯の模式図を図 2.11 に示す．通常の変圧器の鉄芯の角は，鉄板を貼り合わせるなどの工夫がされるが，その場所における磁気抵抗が増加することがある．また，そこでの磁束の方向と鉄板との関係で渦電流損失が生じる場合もある．巻鉄芯の場合に，この角に問題が小さくなる．

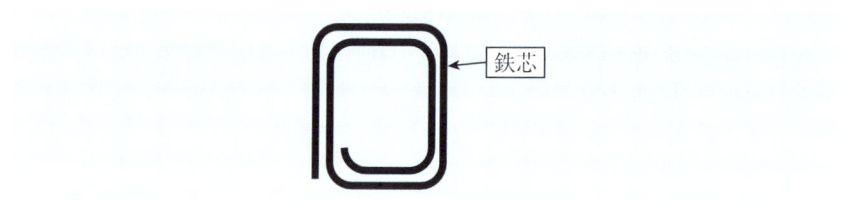

図 2.11　巻鉄芯の模式図

また，アモルファス合金を磁性材料として用いる**アモルファス変圧器**がある．ヒステリシス損失などの鉄損が小さいが高磁束密度が得られないなどの欠点もある．使用用途に応じて使用される．

2.3.3　絶縁

巻線の絶縁や巻線と鉄芯の絶縁は重要である．巻線はクラフト紙と呼ばれる紙とワニスで絶縁される．このときに絶縁内部に水分を含まないような作業工程が組まれる．また，容量の大きい変圧器では，巻線を絶縁油に浸すことも行われる．この絶縁油は冷却にも関与する．

巻線間やそれと鉄芯間の電界を詳しく計算測定することにより，合理的絶縁

設計を行い，絶縁を簡素化し大幅な容積低減を図った開発が最近行われた．

2.3.4 冷却方式

上述のように，大容量機では冷却は重要である．小形器では乾式変圧器が採用される．つまり，積極的な冷却をしない変圧器である．使用温度に応じて絶縁物が決められている．それより大容量になるに従って，油を用いて絶縁と冷却を図る．油が運ぶ熱を放射させる方式には，油入自冷式，油入風冷式，油入水冷式がある．さらに，油を強制的に循環させる送油自冷式，送油風冷式，送油水冷式がある．油を循環するときに静電気が発生する流動帯電と呼ばれる現象があり，絶縁破壊の原因となったこともあったが，現在ではこの問題は解決されている．

2.3.5 その他

変圧器の巻線から外へ端子を出す必要がある．変圧器の外容器は安全のため接地されている．その端子と容器との絶縁を担うのがブッシングと呼ばれるものである．導体と外容器との電界強度を緩和させるなど工夫されている．また，絶縁ケーブルをそのまま巻線に接続する方法もある．この方法を採用した変圧器を外から見ると象の鼻のように見えるので，**エレファント変圧器**という．

2.3.6 三相変圧器

いままでは，単相変圧器の説明をしてきたが，三相一体形の変圧器が使用されており，単相の場合と同様に内鉄形と外鉄形がある．単相変圧器を3台もしくは2台で三相変圧器として使用する場合もある．

2.4 定格と特性

2.4.1 定格

電気機器には定格があり，その定格に応じて使用される．変圧器の定格は，容量，電圧，電流，力率，周波数などがある．定格は，絶縁，使用温度から決められる．鉄損と絶縁から電圧，銅損から使用限度の電流が決められる．それから容量が決められる．

2.4.2 電圧変動率

定められた定格 2 次電圧（V_{2n} とする）で，定格力率，定格出力となるように 1 次電圧を定める．この 1 次電圧で，2 次側を無負荷（2 次側を開放）にしたときの 2 次電圧を V_{20} とする．**電圧変動率** ε を次のように定義する．

$$\varepsilon = \frac{V_{20} - V_{2n}}{V_{2n}} \times 100 \ [\%] \tag{2.11}$$

この定義に従って実験により求めることもできるが，変圧器の等価回路定数がわかっていれば，以下のように計算で求められる．

電圧変動率を求める等価回路を図 2.12 に示す．L 形等価回路の励磁回路を除いたものである．

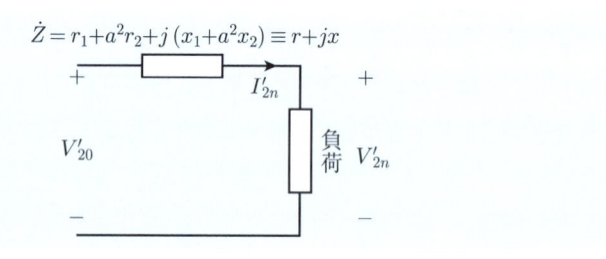

図 2.12 電圧変動率を求めるための等価回路

2.4 定格と特性

Step 1 1次側に換算された2次電圧をそれぞれ V'_{20}, V'_{2n} とし, I'_{2n} を 1次側に換算した2次電流とする.

Step 2 V'_{20} は1次側の電圧と等しいと考えられる. 図 2.12 の等価回路（励磁電流は非常に小さいとしている）から, 1次電圧と1次側換算の2次電圧との位相差が小さいとすると（図 2.13 のベクトル図参照）, 負荷の力率角を φ として,

$$V'_{20} - V'_{2n} \simeq rI'_{2n}\cos\varphi + xI'_{2n}\sin\varphi \tag{2.12}$$

となる.

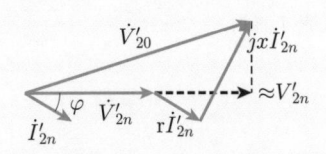

図 2.13 電圧変動率を求めるためのベクトル図

Step 3 したがって,

$$\varepsilon = \frac{V'_{20} - V'_{2n}}{V'_{2n}} \times 100$$

$$\simeq \left(\frac{rI'_{2n}\cos\varphi + xI'_{2n}\sin\varphi}{V'_{2n}}\right) \times 100$$

$$= \left(\frac{rI'_{2n}}{V'_{2n}}\cos\varphi + \frac{xI'_{2n}}{V'_{2n}}\sin\varphi\right) \times 100$$

$$\equiv q_r\cos\varphi + q_x\sin\varphi \tag{2.13}$$

が得られる.

上式の q_r, q_x はそれぞれ,

$$q_r \equiv \frac{rI'_{2n}}{V'_{2n}} \times 100, \quad q_x \equiv \frac{xI'_{2n}}{V'_{2n}} \times 100$$

と定義されるものであり, それぞれ**百分率抵抗降下**, **百分率リアクタンス降下**という. $\dfrac{V_{1n}}{I_{1n}}$ は定格電圧のときに定格電流が流れるインピーダンスを示したものであるから, 例えば, 前者は $\dfrac{rI_{1n}}{V_{1n}} = \dfrac{r}{V_{1n}/I_{1n}}$ となるので, 定格に対する抵抗

の割合を示すことになる．抵抗の値は，変圧器の容量などで大幅に変わるが，この値は定格との比較であり，容量の違った変圧器においても同じような値をとることもあり，比較しやすい．後の同期発電機における単位法も同じ考え方である．

例題 2.5

定格容量 P [kVA]，定格電圧 V_1/V_2 [V] の単相変圧器の 1 次側から見たインピーダンスが $\dot{Z} = r + jx$ [Ω] であった．百分率抵抗降下，百分率リアクタンス降下を求めよ．また，2 次側から同様なことを考えよ．

【解答】 1 次側の定格電流 I_1 は，
$$I_1 = \frac{P \times 10^3}{V_1}$$
であるから，
$$q_r = \frac{rP \times 10^3}{V_1^2} \times 100, \quad q_x = \frac{xP \times 10^3}{V_1^2} \times 100$$
となる．

2 次側から考える．$V_1/V_2 = a$ として，a を巻数比と考える．2 次側から見たインピーダンスは，$\dot{Z}/a^2$ となる．また，2 次側の定格電流 I_2 は，$I_2 = aI_1$ となるので，2 次側から見た，百分率抵抗降下と百分率リアクタンス降下をそれぞれ，q_r', q_x' とすると，

$$q_r' = \frac{\frac{r}{a^2}I_2}{V_2} \times 100 = \frac{\frac{r}{a^2}aI_1}{\frac{V_1}{a^2}} \times 100 = \frac{rI_1}{V_1} \times 100$$

$$q_x' = \frac{\frac{x}{a^2}I_2}{V_2} \times 100 = \frac{\frac{x}{a^2}aI_1}{\frac{V_1}{a^2}} \times 100 = \frac{xI_1}{V_1} \times 100$$

となり，1 次側で考えたものと同じである． ■

2.4.3 効率

電力系統に用いられる変圧器などはエネルギー機器であり，効率は非常に重要な項目である．効率 η の定義は，

$$\eta = \frac{\text{出力}}{\text{入力}} \tag{2.14}$$

となる．変圧器は非常に効率のよい機器であるので，出力と入力の測定から効率を計算するには，誤差が多い．そこで，損失を算出し，

$$\eta \equiv \frac{\text{出力}}{\text{出力} + \text{損失}} \tag{2.15}$$

で定義される．

損失は，無負荷損と負荷損に分けられ，無負荷損は無負荷のときの損失であり，鉄損，励磁電流による銅損となる．さらに絶縁物の発生する誘電体損も無負荷損である．このうち大きいものは鉄損であり，鉄損すなわち無負荷損と取り扱う場合が多い．

鉄損は，1.3節で述べたように，ヒステリシス損失と渦電流損失に分けられ，鉄芯単位重量当たりの損失で表現される場合が多い．単位重量当たりの**ヒステリシス損失**W_h，**渦電流損失**W_e はそれぞれ周波数 f [Hz]，最大磁束密度 B_m [T]，鉄芯材料による定数 σ_h, σ_e と積層鉄板の厚さ d [m] を用いて，

$$\begin{cases} W_h = \sigma_h f B_m^2 \quad [\text{W/kg}] \\ W_e = \sigma_e d^2 f^2 B_m^2 \quad [\text{W/kg}] \end{cases} \tag{2.16}$$

となる．ヒステリシス損失が磁束密度の2乗に比例している表現であり，計算を楽にしている．

銅損は，巻線電流による損失であり，巻線電流の2乗に比例する．巻線抵抗は，直流に比べ交流の場合は大きくなる（表皮効果）．ただし，抵抗測定は直流による場合も多く，直流抵抗に対して，1.1～1.25倍とすることが多い．したがって，銅損 W_c は，1次電流，巻数比，1次，2次巻線抵抗と交流抵抗／直流抵抗の比を用いて，

$$W_c = k_r I_1^2 (r_1 + a^2 r_2) \quad [\text{W}] \tag{2.17}$$

と表される．

その他の損失として，漂遊負荷損と誘電体損がある．

漂遊負荷損：巻線電流が流れることで磁束が生じ，その磁束が変圧器の金属部分に作用し，ヒステリシスや渦電流による損失となるものであり，負荷電流に関係する．したがって，負荷損である．

誘電体損：絶縁物に起因するものであり，変圧器の電圧の2乗に比例すると考える．したがって，無負荷損である．

以上をまとめると，

- 負荷に依存しない無負荷損として，鉄損，誘電体損があり，鉄損の占める割合が多い．
- 負荷損は，銅損と漂遊負荷損であり，銅損の占める割合が多い．損失は鉄損と銅損のみであると考えることが多い．

例題 2.6

変圧器の効率が最大になるのは，鉄損と銅損が等しくなるときである．ただし，力率は一定とする．

【解答】 変圧器の有効電力を $VI\cos\theta$ [W] とする．鉄損を P_i [W]，銅損を RI^2 [W] で表すことにする．効率は，

$$\eta = \frac{VI\cos\theta}{VI\cos\theta + P_i + RI^2} \times 100$$

となる．分母だけに変数 I を持つように変形して，

$$\eta = \frac{V\cos\theta}{V\cos\theta + \dfrac{P_i}{I} + RI}$$

より，分母が極値を持つことから，

$$\frac{d}{dI}\left(V\cos\theta + \frac{P_i}{I} + RI\right) = 0$$

$$-\frac{P_i}{I^2} + R = 0$$

から，鉄損と銅損が等しいときに，最大となる．　■

2.4.4　全日効率

電力系統に使用される変圧器は，刻々変化する負荷を持つ．そのために，次のような**全日効率** η_d の考え方を採用する．それは，

2.4 定格と特性

$$\eta_d = \frac{1\text{日の全電力量}}{1\text{日の全電力量}+1\text{日の総損失}}$$

と定義される．総損失は，負荷損と無負荷損からなる．

例題 2.7

定格出力 S [kVA] の変圧器において，全負荷時の銅損が P_c [kW]，鉄損が P_i [kW] である．1日のうち，力率 $\cos\theta$ の全負荷で t_1 時間，力率 100% の r の部分負荷で t_2 時間，残りの時間は無負荷であった．全日効率を求めよ．

【解答】 この変圧器の 1 日の電力量 W [kWh] は，

$$W = S\cos\theta \times t_1 + S \times r \times t_2$$

である．

無負荷損（鉄損）W_i は，運転状態による影響を受けないから，

$$W_i = P_i \times 24$$

となり，銅損（負荷損）W_C は，流れる電流の 2 乗に比例することを考えて，

$$W_c = P_c \times t_1 + P_c \times r^2 \times t_2$$

となる．したがって，全日効率は，

$$\eta_d = \frac{St_1\cos\theta + Srt_2}{St_1\cos\theta + Srt_2 + 24P_i + P_c t_1 + P_c r^2 t_2} \times 100$$

となる．

2.5 変圧器の試験

いままで,変圧器の等価回路の定数を知っていることを条件に議論を進めてきた.ここで,変圧器の定数を求める試験に関して述べる.単相変圧器について述べ,後に三相変圧器について考察する.

2.5.1 無負荷試験

2次側を開放して,次のような数値を計測する.1次側に電圧計,電流計,電力計を図 2.14 のように接続する.このとき,変圧器の励磁電流は小さいものであるから,電源から見て,電流計を電圧計の後に接続する.電圧計は2次側にも接続する.

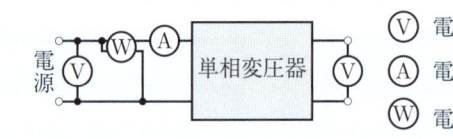

図 2.14 無負荷試験回路

1次側の電圧計の計測値,2次側のそれをそれぞれ,V_{01} [V], V_{02} [V] とし,電流計と電力計の計測値を I_0 [A], P_0 [W] とする.簡易等価回路(図 2.15)から,

$$\begin{cases} P_0 = g_0 V_{01}^2 \\ I_0 = \sqrt{g_0^2 + b_0^2} \, V_{01} \end{cases} \tag{2.18}$$

となる.また,

$$\frac{V_{01}}{V_{02}} \tag{2.19}$$

は,変圧比を表す.上式より,励磁回路の定数は,

$$\begin{cases} g_0 = \dfrac{P_0}{V_{01}^2} \\ b_0 = \sqrt{\left(\dfrac{I_0}{V_{01}}\right)^2 - \left(\dfrac{P_0}{V_{01}^2}\right)^2} \end{cases} \tag{2.20}$$

となる.

2.5 変圧器の試験

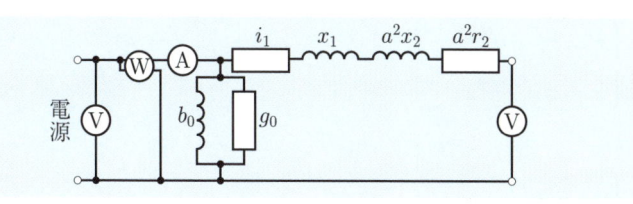

図 2.15 試験回路と等価回路の対応

2.5.2 短絡試験

単相変圧器の2次側を短絡し，電圧，電流，電力を測定し，回路の定数を求める（図 2.16 参照）．このとき，励磁インピーダンスは非常に大きいので，無視する（開放除去）．また，電源電圧として，定格電圧を採用すると過大な電流が流れる場合が多い．定格電圧より低電圧とし，電流が定格電流になるような電源電圧を採用する場合が多い．そのとき，電流と電圧の関係から，電流計を電圧計より電源側に設置することもある．

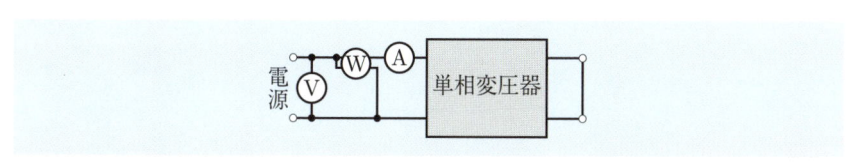

図 2.16 短絡試験回路

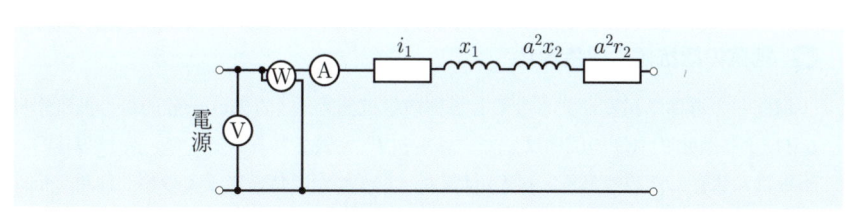

図 2.17 試験回路と等価回路の対応

図 2.17 を参考に，電圧計，電流計，電力計の計測値をそれぞれ，V_s [V]，I_s [A]，P_s [W] とし，

$$\begin{cases} r = r_1 + a^2 r_2 \\ x = x_1 + a^2 x_2 \end{cases} \tag{2.21}$$

とおくと,

$$\begin{cases} P_s = r I_s^2 \\ V_s = \sqrt{r^2 + x^2} I_s \end{cases} \tag{2.22}$$

となり, これより,

$$\begin{cases} r = \dfrac{P_s}{I_s^2} \\ x = \sqrt{\left(\dfrac{V_s}{I_s}\right)^2 - \left(\dfrac{P_s}{I_s^2}\right)^2} \end{cases} \tag{2.23}$$

が得られる.ただし,巻線の抵抗は,温度により変化するので,この測定で得られた抵抗値を変圧器使用温度に換算する必要がある.使用温度は 75° と規格で定められている(1 章参照).

> ### 💬 抵抗の抵抗値の温度変化
>
> 銅などの導体は温度が低くなると導体の抵抗値も低くなる.一般的に,抵抗率 ρ [Ωm] と温度 T [K] の関係は,$\rho = \rho_i + \rho(T)$ と表される.ここに,ρ_i は導体の不純物に依存した項である.$\rho(T)$ は電流(電子)が導体の格子との相互作用(格子振動)を抵抗として表現したものである.格子振動は ρ 絶対温度 0 K でなくなるから,$\rho(0) = 0$ である.したがって,純度の高い金属は温度を低くすると低抵抗になるが,不純物を含むので抵抗がゼロにはならない.直流抵抗がゼロとなる超電導体では,1 つの電子の流れにより格子振動が生じるが,その格子振動のエネルギーをもう 1 つの電子が吸収することで見かけ上損失がなくなると説明されている.超電導状態では,電子が対となっていると考える.この対をその発案者の名前をつけてクーパー対と呼んでいる.

2.6 他の変圧器と結線

単相変圧器についての変圧器の基本的な事柄について述べてきたが，その他の変圧器について概観する．

2.6.1 単巻変圧器（auto transformer）

これまで，1次巻線と2次巻線の2つの巻線からなる変圧器を考えてきた．ここで巻線が1つの変圧器を考える．これを**単巻変圧器**という．単巻変圧器の等価回路を図 2.18 に示す．

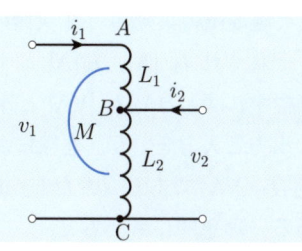

図 2.18 単巻変圧器の等価回路

1つの巻線 AC の間の点 B を考え，AC を1次側に接続し，BC を2次側に接続した場合を考える（この場合1次側が高圧であり，2次側が低圧である．当然逆の場合もある）．巻線 AB を**直列巻線**，BC を**分路巻線**と呼ぶ．直列巻線の自己インダクタンスを L_1 [H]，分路巻線の自己インダクタンスを L_2 [H]，相互インダクタンスを M [H] とすると，

$$\begin{cases} v_1 = \dfrac{d}{dt}\{L_1 i_1 + M(i_1+i_2) + L_2(i_1+i_2) + M i_1\} \\ = \dfrac{d}{dt}\{(L_1 + 2M + L_2)i_1 + (L_2+M)i_2\} \\ v_2 = \dfrac{d}{dt}\{L_2(i_1+i_2) + M i_1\} \\ = \dfrac{d}{dt}\{(L_2+M)i_1 + L_2 i_2\} \end{cases} \quad (2.24)$$

が成立する．電圧の瞬時値 v_1, v_2 に対応する電圧の実効値を V_1, V_2 とし，それぞれのインダクタンスが巻線のそれぞれの巻数 n_1, n_2 によって，次のように表されるとする．

$$L_1 = k n_1^2, \quad M = k n_1 n_2, \quad L_2 = k n_2^2 \quad (2.25)$$

さらに，2次側を無負荷 ($i_2 = 0$) とすると，

$$\frac{V_1}{V_2} = \frac{(n_1+n_2)^2}{n_2(n_1+n_2)} = \frac{n_1}{n_2} + 1 = a + 1 \tag{2.26}$$

が得られる．ただし，a は一般的に用いられる巻数比である．

単巻変圧器は，1次側と2次側の絶縁ができないことが欠点であるが，巻線が1つであることや，分路巻線には，1次電流と2次電流の差の電流が流れ，巻線導体断面積を小さくできるなどの長所もある．

単巻変圧器の容量の定義に，**負荷容量**（load capacity）と**自己容量**（self capacity）がある．1次側電圧の実効値と2次側のそれをそれぞれ V_1 [V]，V_2 [V] とし，その電流をそれぞれ I_1 [A]，I_2 [A] とする．負荷容量は，出力 $V_2 I_2$ [VA] であり，損失を無視すれば入力 $V_1 I_1$ [VA] と等しいと考えられる．したがって，負荷容量とはこの出力と入力をいう．巻線にかかる皮相電力（容量）は，直列巻線では，$(V_1 - V_2)I_1$ [VA] であり（ただし，降圧変圧器），分路巻線では，$V_2(I_2 - I_1)$ [VA] である．理想的に考えると，

$$\frac{V_1}{V_2} = a, \quad \frac{I_1}{I_2} = \frac{1}{a} \quad (a \text{ は巻数比})$$

であるから，直列巻線容量と分路巻線容量は等しい．この容量を自己容量という．

変圧器の定格容量は負荷容量で示され，一方，変圧器の定格自己容量に関係する．その比を考えると

$$\frac{\text{自己容量}}{\text{負荷容量}} = 1 - \frac{1}{a} \tag{2.27}$$

となり，巻数比が小さいと (2.26) 式は大きくなり，経済的であるといえる．

2.6.2 三相変圧器

これまで，単相変圧器について述べてきた．送電システムや後に述べる回転機において三相が広く使われている．三相の電圧変換には，単相器3台（2台の場合があり，V結線と呼ばれる（2.6.3項））を用いる場合と三相変圧器を使用する場合の2通り（V結線を含めると3通り）がある．

(1) 内鉄形三相変圧器と外鉄形三相変圧器

三相変圧器も単相と同様に**内鉄形**と**外鉄形**があり，その模式図をそれぞれ図 2.19，図 2.20 に示す．

2.6 他の変圧器と結線

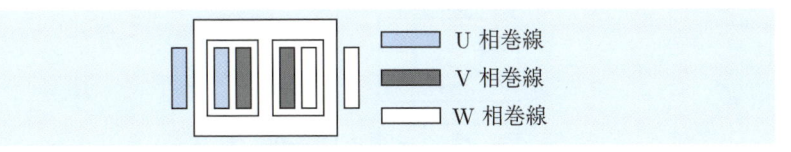

図 2.19 三相内鉄形変圧器概念図（正面図）

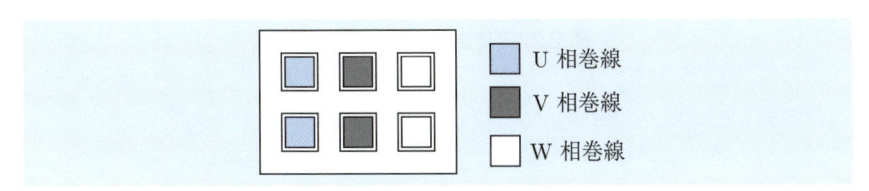

図 2.20 三相外鉄形変圧器概念図（平面図）

(2) 三相変圧器の結線と等価回路

三相変圧器，または，単相変圧器 3 台を用いた変圧器の結線と等価回路を考える．1 次側が星形結線（Y 結線），または，環状結線（Δ 結線）が用いられる．2 次側も同様であるので，組合せとして 4 通りの結線となる．

単相変圧器，または，三相変圧器の 1 相当たりの等価回路を図 2.21 のように表すことにする．

$$\dot{Z} = r_1 + a^2 r_2 + j(x_1 + a^2 x_2)$$

$$\dot{Y}_0 = g_0 - jb_0$$

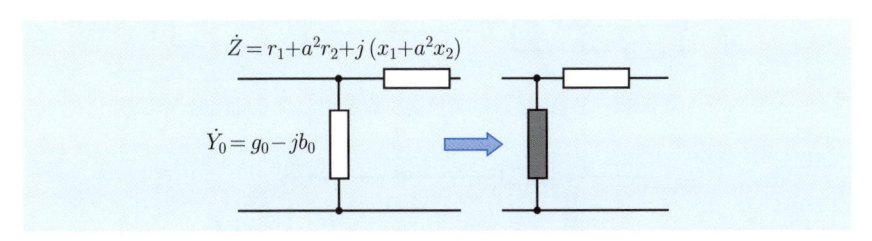

図 2.21 1 相当たりの等価回路とその表現

また，Y–Y 結線，Y-Δ 結線，Δ-Y 結線，Δ-Δ 結線の $a:1$ の理想変成器を模式的に図 2.22 のように表すことにする．

変圧器 2 次側には，図 2.23 の示すような Y 結線の負荷 $\dot{Z}_L$ があるとする．

① Y–Y 結線では，図 2.24 のような理想変圧器を含む等価回路となるので理想変圧器を含まない等価回路は，図 2.25 のようになる．

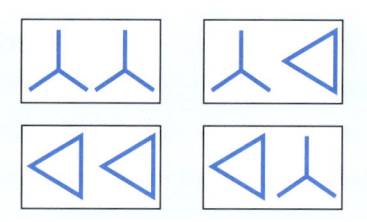

図 2.22　理想変圧器の三相結線

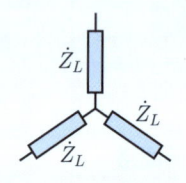

図 2.23　2 次側 Y 結線負荷

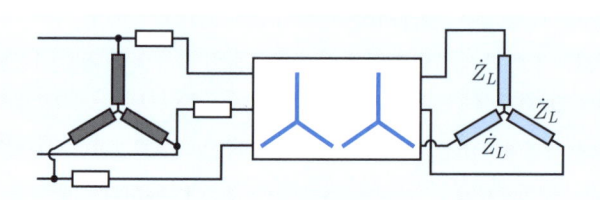

図 2.24　Y–Y 結線の理想変圧器を用いた等価回路

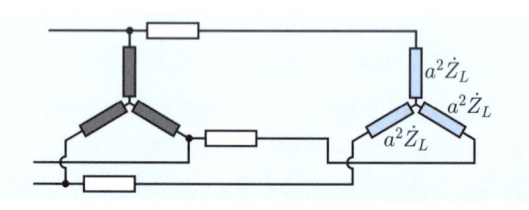

図 2.25　Y–Y 結線の等価回路

②Δ–Y 結線の場合は，図 2.26 のように，まず，2 次側の等価回路を考える．
相電圧と線間電圧の比を考慮すると，図 2.27 のような 1 次側等価回路が得られる．

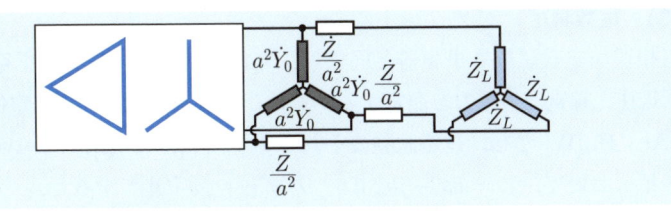

図 2.26 Δ–Y 結線の 2 次側等価回路

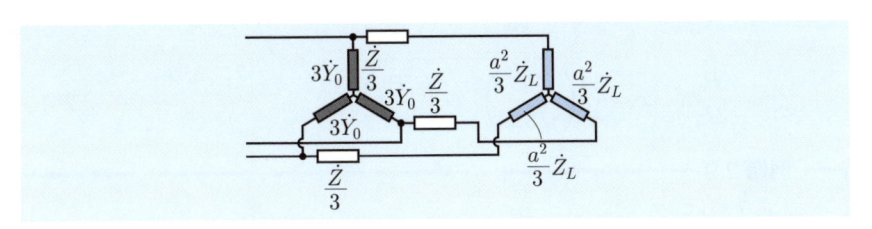

図 2.27 Δ–Y 結線の 1 次側等価回路

例題 2.8

Y–Δ 結線と Δ–Δ 結線の等価回路が各々図 2.28, 図 2.29 のようになることを示せ.

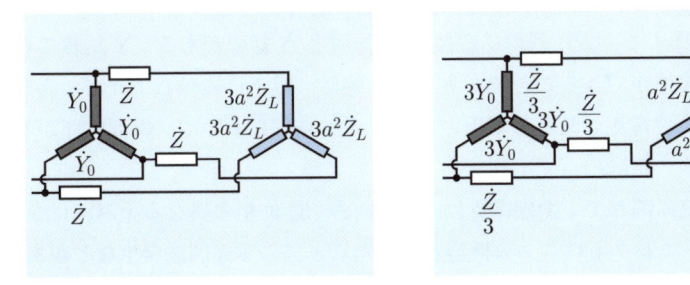

図 2.28 Y–Δ 結線の 1 次側等価回路　　**図 2.29** Δ–Δ 結線の 1 次側等価回路

【解答】 Y–Δ 結線の場合：変圧器の回路（図 2.21）をすべて 1 次側で表現する.
1 次相電圧：2 次線間電圧 $= a : 1$ より,

$$1\text{ 次相電圧}:2\text{ 次相電圧} = \sqrt{3}a : 1$$

となるので，図 2.28 の等価回路が得られる.

Δ–Δ 結線の場合：図 2.21 の回路が Δ 結線されている. それを Δ–Y 変換し, 電圧比は巻線比となることから, 図 2.29 が得られる.

(3) 定数測定

三相器の定数試験も単相器と同様に，無負荷試験，短絡試験を行う．1次側線間電圧，線電流，電力を測定する．無負荷試験のそれぞれの測定値を V_0 [V]，I_0 [A]，P_0 [W] とし，短絡試験のそれらを V_s [V]，I_s [A]，P_s [W] とする．

各相において，$\dot{Y} = g_0 - jb_0$ [Ω]，$\dot{Z} = r + jx$ [Ω] とすると，

$$g_0 = \frac{P}{V_0^2}, \quad b_0 = \sqrt{\left(\frac{\sqrt{3}I}{V_0}\right)^2 - \left(\frac{P_0}{V_0^2}\right)^2},$$

$$r = \frac{P_s}{3I_s^2}, \quad x = \sqrt{\left(\frac{V_s}{\sqrt{3}I_s}\right)^2 - \left(\frac{P}{3I_s^2}\right)^2} \tag{2.28}$$

例題 2.9

上式を導け．

【解答】　V_0, V_s は線間電圧である．一方，電流は線電流であることから，$P_0 = 3g_0\left(\frac{1}{\sqrt{3}}V_0\right)^2$ などが得られる．このことを考えると，上式が得られる．■

(4) Y 結線と △ 結線を比較検討

2.6.2 項 (2) より，変圧器の結線には Y 結線と △ 結線がある．Y 結線の特徴は，中性点接地ができることである．△ 結線は，以下に述べるように，高調波特に第3次調波電流対策として用いられる．△ 結線において，線間電圧が巻線にかかるため，絶縁の点で不利である．

高調波電流に関して：励磁電流は，120°($2\pi/3$) 位相の異なる歪み波になる．また，パワーエレクトロニクス機器が増えたことによる高調波発生などがあり，高調波対策は重要である．

いま，高調波を含めた各巻線電流を i_a, i_b, i_c [A] とすると，

$$\begin{cases} i_a = \sum_{n=1}^{\infty} I_{mn} \sin(n\omega t + \theta_n) \\ i_b = \sum_{n=1}^{\infty} I_{mn} \sin\left\{n\left(\omega t - \frac{2\pi}{3}\right) + \theta_n\right\} \\ i_c = \sum_{n=1}^{\infty} I_{mn} \sin\left\{n\left(\omega t + \frac{2\pi}{3}\right) + \theta_n\right\} \end{cases} \tag{2.29}$$

と表すことができる. 第3調波とその倍数調波は各相で同相である. 零相であるともいえる. 以下で, 各結線方式と第3調波との関わりを考える.

[1] Y–Y 結線

- 中性点接地されている場合は, 第3調波電流は, 中性点を通り接地電流として流れる. 中性点接地をしない場合は, 第3調波電流は流れない. そうすると, 励磁電流も正弦波となり, 磁束が方形波に近い形となり, 電圧波形は大きな第3調波電圧となる.
- Y–Y 結線では, 線間電圧が正弦波でも相電圧は第3調波を含む. この対策として, 3次巻線として Δ 巻線を入れる. この巻線を**ターシャリー巻線**（tertiary winding）という. その役割は, 以下の Δ 結線で説明できる.

[2] Y–Δ 結線, Δ–Y 結線, Δ–Δ 結線

この3通りの結線では, Δ 結線があるので, その結線を通じて第3調波電流が巡回し, 相電圧の歪みが低減される. Δ 結線は, 上述のように線間電圧がかかるため, 絶縁に不利な点が多く, 低圧側に使用される.

2.6.3 V 結線

三相変圧器で Δ–Δ 結線を考えたとき, 1 相分を働かせないとしても三相変圧器として働く. このような結線を **V 結線**と呼ぶ.

図 2.30 V 結線の模式図

Δ–Δ 結線の場合と V 結線を比較する. E [V] で I [A] の単相変圧器 3 台で Δ–Δ 結線, 2 台で V 結線することにする.

Δ–Δ 結線の容量は, $3EI$ [VA] であり, V 結線のそれは, $2EI$ [VA] である. 線電流を I_L [A], 線間電圧を V_L [V] とすると, Δ–Δ 結線の場合は,

$$E = V_L, \quad I = I_L/\sqrt{3}$$

となり, V 結線の場合は,

$$E = V_L, \quad I = I_L$$

となる．したがって，変圧器を通過できる電力は，Δ–Δ 結線では，

$$\sqrt{3}V_L I_L = 3EI$$

となり，V 結線では，

$$\sqrt{3}V_L I_L = \sqrt{3}EI$$

となる．したがって，V 結線では，Δ–Δ 結線に比べて，通過できる電力は

$$\frac{\sqrt{3}EI}{3EI} = \frac{\sqrt{3}}{3} \simeq 0.577 \text{ 倍}$$

となる．以上より，V 結線の変圧器の利用率は，

$$\frac{\sqrt{3}EI}{2EI} = \frac{\sqrt{3}}{2} \simeq 0.866$$

となる．

2.6.4 相数変換

変圧器の巻線の結線を工夫することにより，相数を変換することができる．しかし，この方法で単相から多相への変換はできないことが知られている．単相から多相への変換には，半導体素子を用いたパワーエレクトロニクス回路が用いられる．ここでは，変圧器結線を用いた相数変換を考える．

相数変換は，上述のパワーエレクトロニクス回路において，発生する高調波電流を抑制するなどパワーエレクトロニクス回路のために使用される．また，交流電気鉄道や単相電気炉などに利用される三相–二相変換などがある

[1] 三相–二相変換

三相から二相，または二相から三相へ変換するために，図 2.31 のような**スコット結線**と呼ばれる変圧器が用いられる．

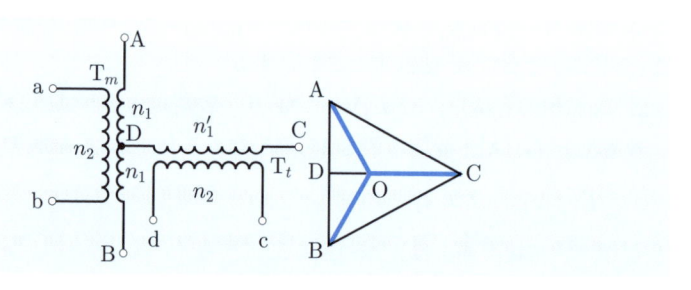

図 2.31　スコット結線図とベクトル図

図において，A，B，C が三相の端子であり，ab，cd が二相の端子である．T_m は主座変圧器（main transformer），T_t を T 座変圧器（teaser transformer）と呼ぶ．

$n_1' = \dfrac{\sqrt{3}}{2} n_1$ とする．A，B，C に三相電圧を加えると，ab，cd 端子間に大きさの等しい二相電圧が得られる．逆に，ab，cd 端子に二相電圧を加えると A，B，C 端子に三相電圧が得られる．そのベクトル図を上図に示している．

[2] 三相–六相変換

Δ–Y 結線と Y–Δ 結線を 2 台並列に運転すると，2 次側の位相差は 60° になるので，六相が得られる．これを 1 台の変圧器で三相から六相を得る方法は様々考えられている．さらに，12 相や 24 相などを得る結線が考えられている．これらを下図で模式的に示す．

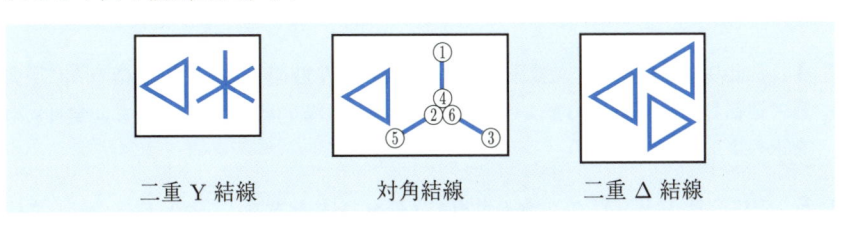

二重 Y 結線　　　対角結線　　　二重 Δ 結線

図 2.32　三相–六相変換の結線図

2.6.5 計器用変圧器

電圧や電流を測定するために用いられる変圧器を，それぞれ計器用変圧器（potential transformer：PT），変流器（current transformer：CT）という．前者において，1 次側定格電圧に対して，2 次側電圧（測定電圧）が 110 V，後者において 1 次側定格電流に対して，2 次電流（測定電流）が 5 A としている場合が多い．測定用であるため，精度の高い変圧比となるように設計されている．

その他，漏れ変圧器と称して，漏れリアクタンスを大きくした変圧器がある．また，1 次巻線と 2 次巻線の配置を変化させる誘導電圧調整器がある．これらの説明は省略する

2章の問題

☐ **1** 定格容量 P [kVA]，定格電圧 V_1/V_2 [V]/[V] の単相変圧器がある．力率 $\cos\theta_1$ における電圧変動率が ε_1 [%] であり，力率 $\cos\theta_2$ における電圧変動率が ε_2 [%] であった．百分率抵抗降下と百分率リアクタンス降下を求めよ．

☐ **2** 上の問題 1 の変圧器に 1 次側に定格電圧をかけ，2 次側を短絡したとすると，1 次側に定格電流の何倍の電流が流れるか，その電流値を P, V_1 を用いて示せ．
　また，短絡電流を定格電流以下におさえるために，1 次側にかける電圧をいくらにすべきか．

☐ **3** 力率 $\cos\theta$ で運転すると a [%] 負荷で最大効率 η [%] を得る定格容量 P [kVA] の変圧器がある．鉄損はいくらか．力率 1 で全負荷のときの効率を求めよ．

☐ **4** 上記の問題 3 に示した変圧器を 1 日のうち T_1 時間を力率 1 で定格の b [%] 負荷で運転し，T_2 時間を力率 1 の全負荷で運転し，残りは無負荷であった．全日効率を求めよ．

☐ **5** 定格容量 P [kVA] の 3 台の単相変圧器を Δ 結線とし，三相負荷に供給していた．1 台が故障すると V 結線で負荷に供給することを考えて運転すると，負荷容量をいくらにおさえた運転をしなければならないか．

☐ **6** Δ–Y 結線の変圧比 V_1/V_2 の三相変圧器の巻数比はいくらか．

3 電気–機械変換

　磁気と電気を利用して，電気エネルギーを機械エネルギーに，また，逆に機械エネルギーを電気エネルギーに変換する．前者は電動機（モータ）(electric motor)，後者を発電機 (generator) いう．電動機は，世界の電気エネルギーの約半分以上を使用しているといわれている．電気自動車など，動力の電化が進むとその利用が今後もますます増加すると考えられる．このことがエネルギーの高効率化に向かうことはいうまでもない．また，太陽電池や燃料電池などの他の発電方式も発展しているが，現在の電気エネルギーのほとんどが磁界を利用した発電方式である（風力発電もこの発電機である）．

　本章では，いろいろな種類の発電機や電動機を学ぶ前に，電気–機械変換，機械–電気変換の基礎となる共通のことについて述べ，後章で述べる発電機や電動機の分類について解説する．

3章で学ぶ概念・キーワード
- 起電力
- 電磁力
- フレミングの法則
- トルク
- 回転磁界

3.1 起電力と電磁力

磁界中の導体を動かすと起電力が発生する．また，磁界中の導体に電流を流すと電磁力が働く．前者が発電機の原理であり，後者が電動機の原理である．

3.1.1 起電力

図 3.1 のように磁界中（磁束密度：B [T]）に導体（長さ：l [m]）を動かす（速度：v [m/s]）と，起電力（e [V]）

$$e = v \times B \cdot l \tag{3.1}$$

が発生する．これを**運動起電力**という．ここに × はベクトルのベクトル積である（p.67 のコラム参照）．(3.1) 式の方向を与えるのが，**フレミングの右手の法則**と知られているものである．図 3.2 に示すように，親指を運動方向，人差し指を磁界の方向，中指を起電力の方向に対応させ，それぞれを直角になるように指を開くと，運動の方向，磁界の方向，起電力の方向の関係となる．電気機器でこの式を使用する場合には，運動方向と磁界の方向が直角の場合が多く，運動起電力の大きさ $e = Blv$ として与えている．

運動起電力とファラデー・レンツの法則との関係を考える．図 3.1 の点線部が接続されているとする．このとき，導体は v [m/s] の速度で移動するから，点線部と導体で囲まれた面の磁束を $\varPhi$ [Wb] とすれば，その変化分は $\Delta\varPhi = Blv\Delta t$ となるから，誘導起電力は

$$e = -\frac{d\varPhi}{dt} = -Blv \tag{3.2}$$

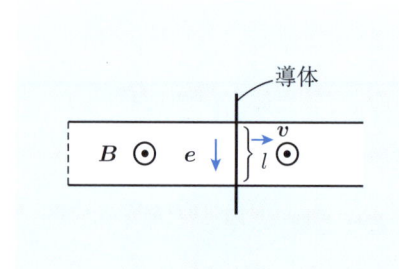

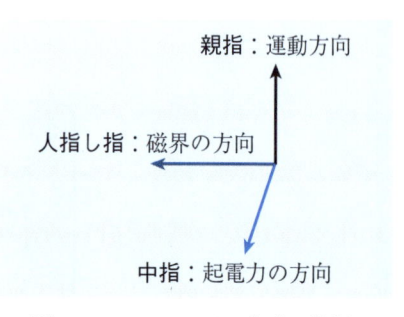

図 3.1　運動起電力の説明図　　図 3.2　フレミングの右手の法則

となる．負号は磁束を減少させる意味であるから，運動起電力と同じ結果を得る．どちらを利用するかは，そのときによって，使いやすいものを使用すればよい．

4章で述べる同期発電機，4章で述べる直流発電機の発電原理は，このことを利用した発電機である．

3.1.2 電磁力 (1)

図 3.3 のように磁界（磁束密度 B [T]）中に導体（長さ l [m]）に電流 i [A] を流すと導体に力 f [N] がかかる．

$$f = i \times B \cdot l \tag{3.3}$$

(3.3) 式の方向を与えるものとして，**フレミングの左手の法則**が知られている．図 3.4 に示すように左手の親指を力の方向，人差し指を磁界の方向，中指を電流の方向に対応させ，それぞれを直角になるように指を開くと，電流の方向，磁界の方向，力の方向の関係となる．ここで扱う電気機器ではそれぞれが直交しているのでその大きさだけを求め，$f = Bli$ と扱うことが多い．

フレミングの法則は覚えやすいように示されたものであり，親指は力学（運動または力），人差し指は磁界，中指は電気的諸量（起電力または電流）に対応している．

さて，磁界中の導体に電流を流すと (3.3) 式のような力が働くことについて，別の考え方，仮想変位をもとに考える．力 f [N] で導体が Δx [m] 動いたとする．磁界中で導体が動くと起電力を発生する．これに抗して電流を流すことになるから，その起電力を e [V] とすると，電流と起電力の方向に注意して，

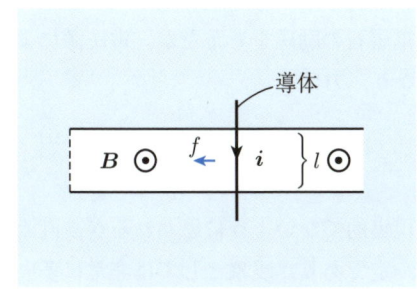

図 3.3 電磁力の説明図

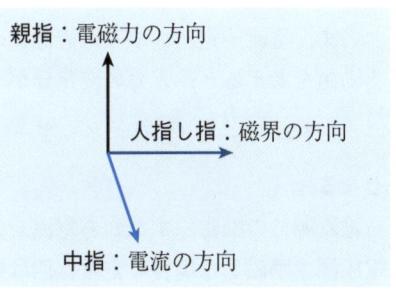

図 3.4 フレミングの左手の法則

$$f\Delta x = ei\Delta t = Blvi\Delta t = Bli\Delta x \tag{3.4}$$

が得られ，運動起電力から電磁力が導ける．

4章で述べる同期電動機，直流電動機は，このことを利用した電動機である．

3.1.3 電磁力 (2)

小形モータなどで，上記のフレミングの左手法則を用いるよりは，以下に述べる原理を用いたほうが考えやすいことが多い．

図 3.5 のような電磁石より鉄片に働く力を考える．ただし，電磁石の電流を一定とする．入力は保存エネルギーの変化と機械的出力となるはずである．すなわち

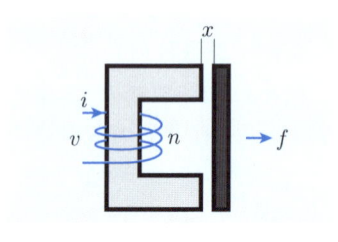

図 3.5 鉄片に働く電磁力

（入力）＝（保存エネルギーの変化）＋（機械的出力）

となり，微小変化分を考え，鎖交磁束を λ，コイルのインダクタンスを L [H] とすると $\lambda = Li$ より，

入力 $= ei\Delta t = i\Delta \lambda$

保存エネルギーの変化 $= \dfrac{1}{2}\Delta Li^2 = \dfrac{1}{2}\Delta \lambda i$

機械的出力 $= f\Delta x$

したがって，

$$f = \frac{\partial}{\partial x}\ (保存エネルギー) \tag{3.5}$$

となる．

いま，電流一定，つまり電流源による電磁石の励磁を考えたが，電圧源による励磁を考えると，入力の変化分が零となり，力は

$$f = -\frac{\partial}{\partial x}\ (保存エネルギー) \tag{3.6}$$

となる．

電流源での励磁，すなわち電流一定は現実的でないように思われるが，直流電圧源で励磁した場合の定常状態は電流一定であり，現象としては非常に多いことになる．

このように考えると電圧源での励磁,すなわち電圧一定は考えにくいことになるが,超電導線からなるコイルに永久電流が流れている場合は,この例となる.超電導浮上列車に働く力の場合である.

例題 3.1

図 3.5 において,鉄の透磁率を無限大,空間の断面積 S [m^2] を $1\,\mathrm{cm}^2$,コイルの巻数を 100,電流を 10 A,$x = 1\,\mathrm{mm}$ としたときの鉄片に働く力を求めよ.

【解答】 起磁力を NI [A], 磁気抵抗 $R_m = \dfrac{2x}{\mu_0 S}$ より,空間の磁束 Φ [Wb] は,$\Phi = \dfrac{NI}{R_m} = \dfrac{NI\mu_0 S}{2x}$ となり,コイルのインダクタンス L [H] は,$L = \dfrac{N\Phi}{I} = \dfrac{N^2\mu_0 S}{2x}$ となる.したがって,電磁力 f [N] は,

$$f = \frac{\partial}{\partial x}\left(\frac{1}{2}LI^2\right) = \frac{\partial}{\partial x}\left(\frac{N^2\mu_0 S I^2}{4x}\right) = -\frac{N^2\mu_0 S I^2}{4x^2}$$

となり,数値を代入し,$f = -10\pi$ となる.負号は吸引力を示す. ∎

8 章で述べるリラクタンスモータは,この原理で動作する.図 3.6 のような電磁石が対となっている場合も同様に両磁性体間に電磁力が働く.8 章で述べる小形モータで採用されることの多い集中巻のモータの動作を理解しやすい.

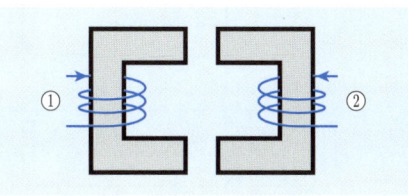

図 3.6 電磁石間に働く力

例題 3.2

図 3.6 において,鉄の透磁率を無限大,空隙の透磁率を μ_0,空隙 (ギャップ) 間を g [m],断面積を S [m^2] とし,巻線①の巻数,巻線②の巻数をそれぞれ n_1, n_2 とし,巻線①,②それぞれの電流を i_1, i_2 としたときの 2 つの電磁石に働く力を求めよ.

【解答】 例題 3.1 と同様に変数を考えると，

$$\Phi = \frac{\mu_0 S}{2g}(n_1 i_1 + n_2 i_2)$$

となり，保存エネルギーは，$\frac{\mu_0 S}{4g}(n_1 i_1 + n_2 i_2)^2$ となるので，電磁力 f [N] は，

$$f = -\frac{\mu_0 S}{4g^2}(n_1 i_1 + n_2 i_2)^2$$

となる．　　　　　　　　　　　　　　　　　　　　　　　　　　　　　　■

3.1.4 誘導電流による電磁力

6 章で述べる誘導電動機は，上記と少し違ったことで電磁力を得ている．これについて考える．図 3.7 のように，可動な導体が抵抗回路に接続されている回路を考える．紙面に上から下へ垂直な磁束が図 3.7 の示すように移動したとする．このとき可動な導体には，磁束変化を打ち消すように誘導電流が流れる（図 3.7 参照）．この電流と磁束によって矢印の方向に電磁力が働く．したがって，この可動な導体は磁束の移動方向に動く．これが誘導電動機の動作原理である．誘導電動機において，この磁界の移動を巻線の配置と多相電流（主として三相電流）によりつくる．

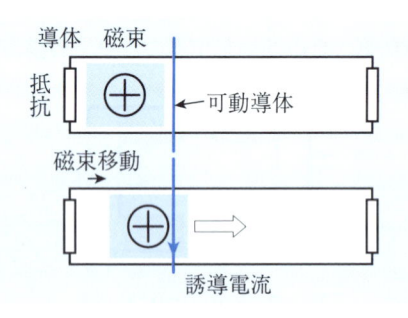

図 3.7 磁束移動に伴う誘導電流による電磁力

3.2 力,トルク (torque),パワー (電力:power)

トルクとは回転力のことであり,回転機における重要な概念である.次のように定義される.図 3.8 のように,支点を中心に半径 r [m] の棒の先に棒と垂直に力 F [N] の力が働き回転している.このときにトルク T [Nm] は,

$$T = rF \tag{3.7}$$

で定義される.

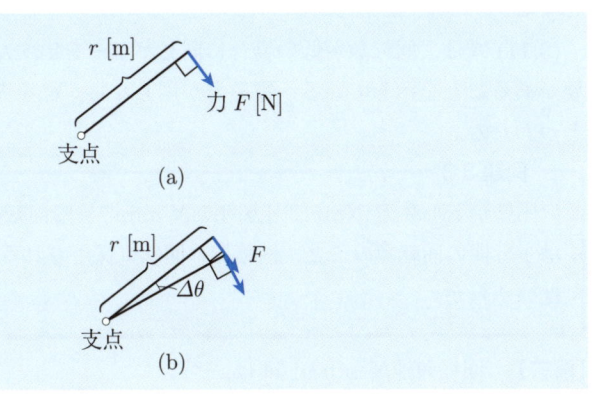

図 3.8 トルクとパワー

電磁力 (2) で説明した電磁力の式

$$f = \frac{\partial}{\partial x} \text{(保存エネルギー)}$$

において,図 3.8(b) を参照にして回転を考えると,$\Delta x = r\Delta\theta$ となるので,トルクは,

$$T = \frac{\partial}{\partial \theta} \text{(保存エネルギー)} \tag{3.8}$$

と表現できる.

次に,トルクとパワーの関係を考える.いま,$\Delta\theta$ だけ回転した場合のエネルギーを ΔE とすると,図 3.8(b) を参考にして,

$$\Delta E = Fr\Delta\theta \tag{3.9}$$

となり,そのパワーは,

$$P = \frac{dE}{dt} = Fr\frac{d\theta}{dt} \tag{3.10}$$

となる．回転角速度

$$\omega = \frac{d\theta}{dt}$$

とおくと，トルクとパワー P [W] の関係は，

$$P = \omega T \tag{3.11}$$

となる．

(3.11) 式は，回転数が低い場合に同じパワーを出すために，トルクが高い必要があることを示している．電磁力が同じなら，径を大きくする必要があることがわかる．

例題 3.3

円柱がトルク T [Nm] で円方向に N [min^{-1}] で回転している（単位 min^{-1} は 1 分間の回転数のこと．回転機の回転に採用される単位である）．パワーはいくらか．

【解答】 回転角速度 ω [rad/s] は，

$$\omega = 2\pi \frac{N}{60}$$

であるから，パワー P [W] は，

$$P = \omega T = 2\pi \frac{N}{60} T$$

となる．

3.3 回転機とリニアモータ

発電機や電動機は，回転機である場合と直線運動するリニアモータ（写真 3.1，3.2）に分類される．いずれの場合も静止部と可動部に分かれる．回転機において，静止部を固定子，可動部を回転子と称する．

同期機や直流機において，磁束を発生する部位と発電機の場合に起電力を発生する部位（電動機の場合に電流を流す部位）に分類される．前者の部位を界磁，後者を電機子と称する．誘導機に関しては，移動磁界（回転磁界）を発生する部位を変圧器と同様に 1 次巻線，誘導電流を発生する部分を 2 次巻線という．

写真 3.1 上海の高速浮上リニアモータカー
（上海マグレブ・トランスラピッド）[写真撮影：古関]

写真 3.2 トランスラピッドのリニアモータと浮上・案内磁石
[写真撮影：古関]

3.4 回転磁界

同期機発電機は主として三相電力を発生し，同期電動機は主として三相電力で駆動される．誘導電動機においても主として三相電力で駆動される．特に誘導電動機の原理説明において，磁束を移動させる必要がある．三相電力を供給することで，磁束の回転（移動）ができる．このことについて考える．

回転機において，円筒上に巻き線を施す．図 3.9 は，その断面を示したものである．図中の記号 ⊕ は，弓矢の矢を進行方向あるいはその逆から見たイメージなので，その相の電流が正のとき，紙面表面から裏面へ電流が流れることを示し，記号 ⊙ はその逆を示す．記号 ⊕ の a 相巻線，b 相巻線，c 相巻線はそれぞれ，空間的に $2\pi/3$ の位相差をもって配置されており，その対となる記号 ⊙ の巻線も同様である．

a 相巻線電流が正のとき，その電流がつくる磁束の方向が図 3.9 の矢印のようであるとする．対称三相交流が各相に流れている場合の磁束の向きを考える．三相交流電流のある瞬時値において a 相巻線電流が最大となるときを基準にする．図 3.10 に三相電流の波形を示す．これを参考にして，各巻線に対称三相交流電流を流した場合の磁界の方向と大きさを考える．

a 相巻線電流が最大のとき（図 3.10 の①），b 相巻線電流と c 相巻線電流は，最大値の 1/2 で負となる．したがって，磁界の大きさと方向は，図 3.11①のようになる．時間を進めて，次に c 相巻線電流が最小となるとき（図 3.11②) の磁界の大きさと方向は図 3.11②のようになる．合成磁束が時計方向に回転していることがわかる．

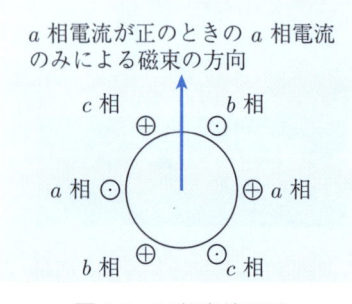

図 3.9　三相巻線配置

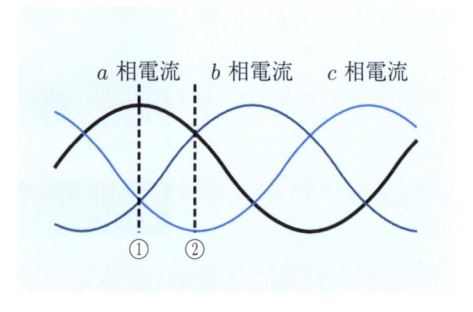

図 3.10　三相電流波形

3.4 回転磁界

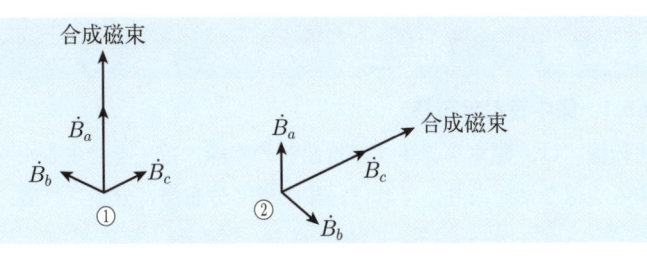

図 3.11 回転磁界

このことを，式で表現する．a 相巻線電流が最大値のところを時間の原点とし，そのときの磁界の方向を基準とする．その基準軸から右へ θ [rad] の点 P の磁界の方向と大きさを考える（図 3.12 参照）．つまり

$$I_a = I \cos \omega t$$

に対して，

$$B_a = B \cos \omega t$$

の磁束が基準方向に発生するとする．P 点の磁束の大きさは，

$$B_{a\theta} = B_a \cos \theta = B \cos \omega t \cos \theta$$

となる．したがって，三相電流による P 点の磁束の大きさは，

$$\begin{aligned} B_p &= B \cos \omega t \cos \theta + B \cos \left(\omega t - \frac{2}{3}\pi \right) \cos \left(\theta - \frac{2}{3}\pi \right) \\ &\quad + B \cos \left(\omega t + \frac{2}{3}\pi \right) \cos \left(\theta + \frac{2}{3}\pi \right) \\ &= \frac{3}{2} B \cos(\omega t - \theta) \end{aligned} \quad (3.12)$$

となる．これは磁束が最大となる位置が，

$$\theta = \omega t \quad (3.13)$$

で回転していることを意味している．

これを回転磁界という．三相回路においては回転磁界が容易に得られるところに大きな利点を持つ．誘導電動機における磁界の移動は，この回転磁界が受け持つ．

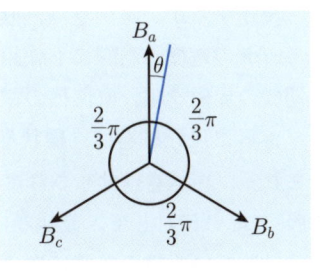

図 3.12 回転磁界 2

3.5 巻線

3.5.1 集中巻と分布巻

回転機には，磁束を発生する電磁石の巻線，電圧を発生したり，トルクを発生する巻線などがあり，それは，**集中巻**と**分布巻**に分類される．

図 3.13　集中巻

図 3.13 に示すように，集中巻は，集中して巻かれている巻線である．分布巻は，鉄芯に溝（スロットともいう）を施し，溝内に導体を入れて，分布して巻かれている．図 3.14 は，ある相の巻線が，5 つのスロットにより巻かれている分布巻を展開図として示したものである．溝と溝の間を歯（ティース）という．

図 3.14　分布巻

後述するが，集中巻は，直流機の界磁巻線，同期機の界磁巻線，さらに小形モータの電機子巻線にも使用される．分布巻は，同期機の電機子巻線，大形同期機の界磁巻線，直流機の電機子巻線，誘導電動機の巻線に使用される．

さらに，分布巻は，**環状巻**(ring winding) と**鼓状巻**(drum winding) に分類される．環状巻は分布された巻線の隣どうしを結線する方法である（図 3.15 参照）．それに対して，鼓状巻は図 3.25 または図 3.26（3.5.2 項）に示すように，注目している極の巻線に次の極の対応する巻線と接続する方法である．

模式的に示すと，図 3.15（環状巻）と図 3.16（鼓状巻）のようになる．

3.5 巻　線

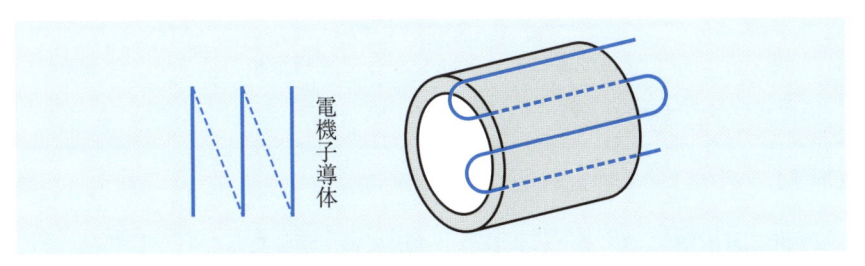

図 3.15 環状巻線 (ring winding)

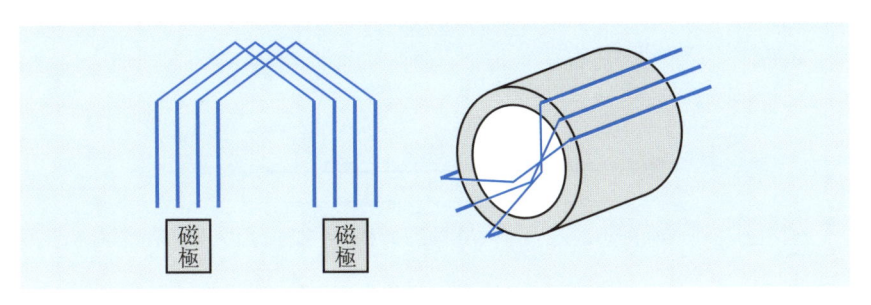

図 3.16 鼓状巻 (drum winding)

分布巻において，巻線にかかる磁束を集中巻と比較してみよう．三相巻線で考える．

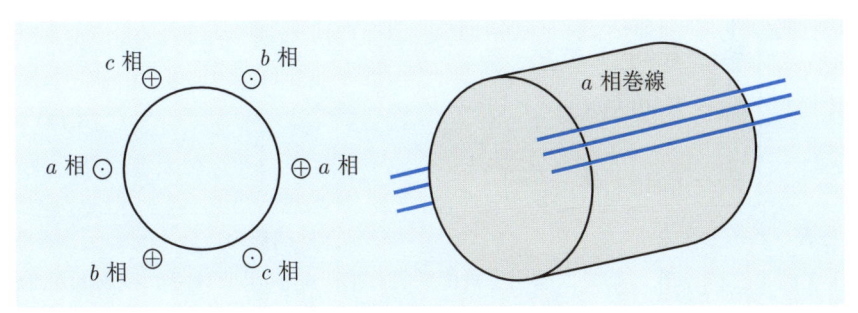

図 3.17 巻線配置

集中巻の巻線配置を図 3.17 のように考える．各相に q 個のスロットが割り当てられているとする．

例題 3.4

図 3.17 に示す巻線配置において相数が 3 で毎極毎相のスロット数が q のとき，全体のスロット数はいくらか．

【解答】 図 3.17 の下の文章より，$6 \times q = 6q$

空間に図 3.18 に示すように正弦波上の磁束密度が分布しているとする．その基本波の周期が図 3.17 に示す円の 1 周である正弦波とする．

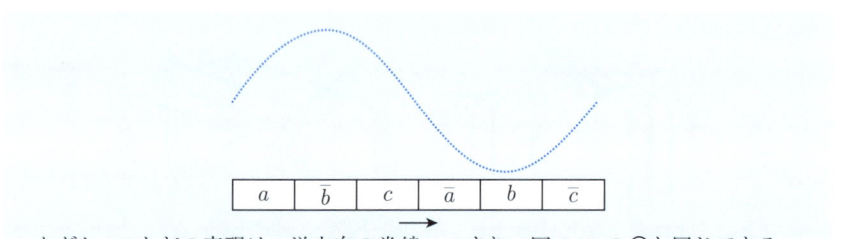

| a | $\bar{b}$ | c | $\bar{a}$ | b | $\bar{c}$ |

ただし，$\bar{a}$ などの表現は，逆方向の巻線．つまり，図 3.17 の ⊙ と同じである．

図 3.18 磁束の空間分布と巻線配置

図 3.18 は空間磁束密度分布と，各相巻線の関係を示した模式図である．巻線が右方向に移動すると考える．巻線の左に集中巻があるとして，考察する．

集中巻では，各相の電圧は，

$$\begin{cases} E_a = E \sin \omega t \\ E_b = E \sin \left(\omega t - \dfrac{2}{3}\pi \right) \\ E_c = E \sin \left(\omega t + \dfrac{2}{3}\pi \right) \end{cases} \tag{3.14}$$

と表されるとする．

1 周を 2π [rad] として，溝間を角度で表して，α [rad] とする．全周囲が 2π であることから，

$$\alpha = \frac{2\pi}{6q} = \frac{\pi}{3q} \tag{3.15}$$

となる．

ある溝と隣の溝の経験する磁束密度（誘導起電力）とをベクトル表記するとそのベクトルの大きさは同じで，両者の間に α [rad] の位相差がある．このベク

トルを $q = 4$ の場合を示したのが，図 3.19 である．小さな矢印が各溝内の導体の誘導起電力を示し，長い矢印がその相全体の誘導起電力を示す．短い矢印の長さと角 α の二等辺三角形で表すことができることに注意する．二等辺三角形の辺を r とする．

短い矢印の大きさは，

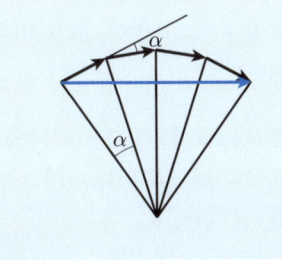

$$E_s = 2r \sin \frac{\alpha}{2} \tag{3.16}$$

図 3.19 起電力のベクトルと和

と表すことができる．したがって，集中巻であれば，導体全体の誘導起電力は，

$$E_c = 2qr \sin \frac{\alpha}{2} \tag{3.17}$$

となる．分布巻の導体全体の誘導起電力は，青色の長い矢印で，

$$E_d = 2r \sin \frac{q\alpha}{2} \tag{3.18}$$

と表される．集中巻と分布巻の誘導起電力の比 (E_d/E_c) を**分布係数**と呼び，

$$k_d = \frac{E_d}{E_c} = \frac{\sin \frac{q\alpha}{2}}{q \sin \frac{\alpha}{2}} \tag{3.19}$$

である．これは，空間磁束密度分布の基本波成分に対する分布係数である．n 調波に対しては，位相差が $n\alpha$ となるので，

$$k_{dn} = \frac{\sin \frac{nq\alpha}{2}}{q \sin \frac{n\alpha}{2}} \tag{3.20}$$

となる．

例題 3.5

毎極毎相の溝数 3 の 4 極の三相同期機がある．基本波と第 5 調波の分布係数を求めよ．

【解答】 (3.20) 式を変形して，

$$k_{dn} = \frac{\sin \left(\frac{nq}{2} \frac{\pi}{3q} \right)}{q \sin \left(\frac{n}{2} \frac{\pi}{3q} \right)} = \frac{\sin \left(\frac{n\pi}{6} \right)}{q \sin \left(\frac{n\pi}{6q} \right)}$$

を用いて，

  基本波：0.96， 第 5 調波：0.21

を得る．

通常交流機は，1 つの溝に導体を 2 つ入れる．そこで，図 3.20，図 3.21 に示すように同じ溝には，同じ相の導体を入れる**全節巻**と導体間隔を短くする**短節巻**に分かれる．

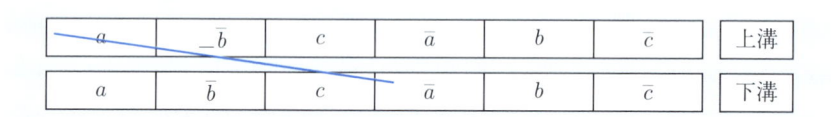

a	$\bar{b}$	c	$\bar{a}$	b	$\bar{c}$	上溝
a	$\bar{b}$	c	$\bar{a}$	b	$\bar{c}$	下溝

図 3.20 全節巻

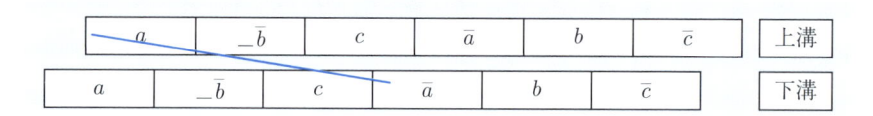

a	$\bar{b}$	c	$\bar{a}$	b	$\bar{c}$	上溝
a	$\bar{b}$	c	$\bar{a}$	b	$\bar{c}$	下溝

図 3.21 短節巻

短節巻を採用するのは，空間磁束密度分布が完全な正弦波でなく，高調波を含むので，それが発生する誘導起電力を打ち消すためである．誘導起電力の全節巻に対する短節巻の比を**短節係数**という．全節巻では，1 つ上溝導体の誘導起電力を E_s とする．それと対となる溝の下溝とは，基本波では，π だけ離れている．それに対して，短節巻では，$\beta\pi$ だけ離れているように巻線をする．ただし，$\beta < 1$ である．全節巻での両方の誘導起電力は，図 3.22 のように示される．

図 3.22 全節巻での対となった導体の誘導起電力の和

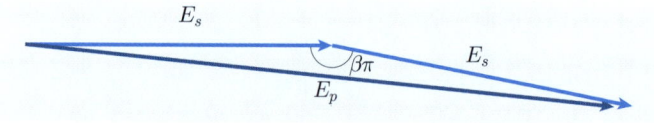

図 3.23 短節巻での対となった導体の誘導起電力の和

それに対して，短節巻では，図 3.23 のようになり，対となった導体の誘導起電力の和は，

$$E_p = 2E_s \sin \frac{\beta\pi}{2} \tag{3.21}$$

となる．短節係数は，

$$k_p = \sin \frac{\beta\pi}{2} \tag{3.22}$$

と表される．これは基本波に対するものであり，n 次調波に対しては，

$$k_{pn} = \sin \frac{n\beta\pi}{2} \tag{3.23}$$

となる．

例題 3.6

空間磁束分布は，基本波のみならず，高調波を含む．偶数調波は，誘導起電力に影響を与えない．奇数調波では，三相機の場合，3 の倍数のものは，出力の結線で対応できる．したがって，3 の倍数でない調波を考慮した短節巻を考える．特に 5 調波と 7 調波に対する短節係数が小さな β を選ぶ．適切な β を求めよ．

【解答】 基本波と第 5 調波と第 7 調波の短節係数を計算したグラフを図 3.24 に示す．

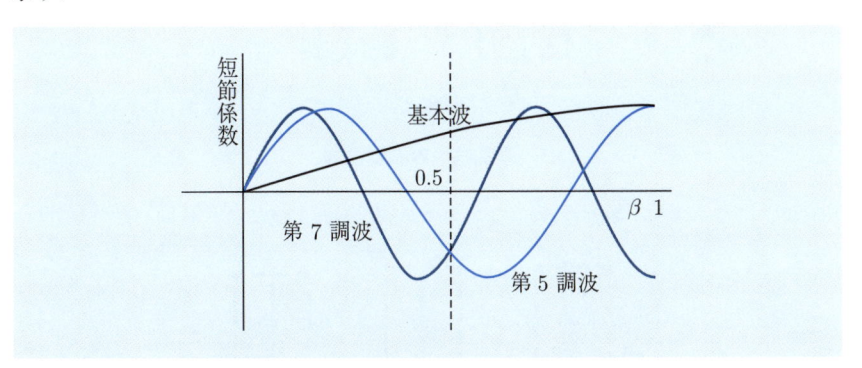

図 3.24 基本波，第 5 調波，第 7 調波短節係数

図 3.24 より，第 5 および第 7 調波の短節係数がともに小さいところとして $\beta = 0.833$ となる．

3.5.2 重ね巻と波巻

よく使われている鼓状巻において，**重ね巻**と**波巻**の 2 つの結線方法が用いられる．

重ね巻は，図 3.25 のように注目している極の 1 つの導体を次の極に対応する導体に接続した後，その導体を注目している極の他の導体と接続する．それに対して，波巻は，図 3.26 に示すように注目している極の 1 つの導体を次の極に対応する導体と接続し，その導体をさらに次の極の導体と接続する方法である．

鼓状巻において，通常重ね巻が多く再採用される．ただし，磁極の数が多い多極の同期機や誘導機においては波巻が採用されることが多い．これは，重ね巻において，2 つの極に対応する巻線と他の 2 つの極に対応する巻線を接続しなければならない．これを極間接続線と呼ぶ．重ね巻では，極間接続線が多く必要になること，極による起電力などのアンバランスがあることがその理由である．直流機において，回転方向を変えるときが多く，波巻結線を用い，その回転方向による特性の差を少なくする場合がある．

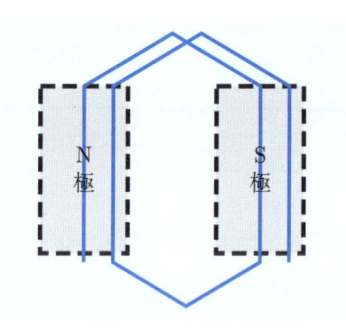

図 3.25　重ね巻結線

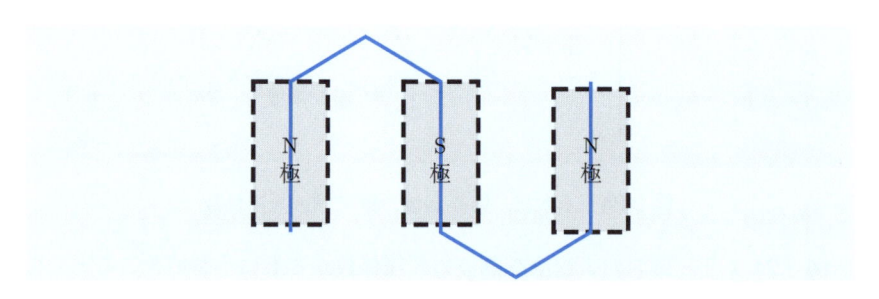

図 3.26　波巻結線

3.6　回転機の分類

　回転機には，次の述べるような種類がある．回転機それぞれの各論に入る前に分類をする．その分類を示したのが図 3.27 である．

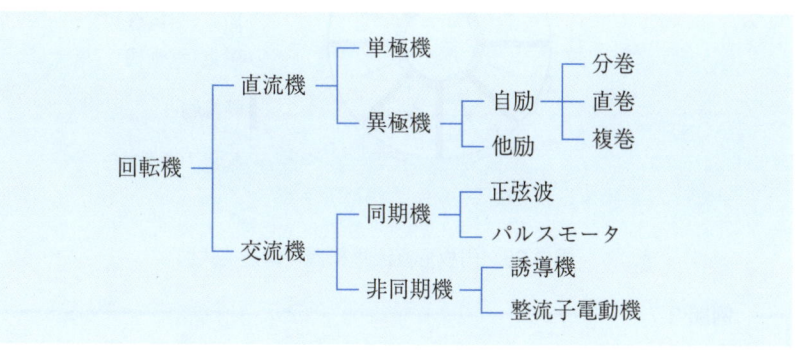

```
回転機 ─┬─ 直流機 ─┬─ 単極機
        │          └─ 異極機 ─┬─ 自励 ─┬─ 分巻
        │                      │        ├─ 直巻
        │                      │        └─ 複巻
        │                      └─ 他励
        └─ 交流機 ─┬─ 同期機 ─┬─ 正弦波
                   │          └─ パルスモータ
                   └─ 非同期機 ─┬─ 誘導機
                                └─ 整流子電動機
```

図 3.27　回転機の分類

　電動機（モータ）の場合，入力が交流か直流か，発電機の場合，出力が交流か直流かで分類される．前者を交流機，後者を直流機という．

　交流機は，電源の周波数により回転数が決まる電動機，または，回転数により決まる周波数の電力を発生する発電機を同期機という．それ以外を非同期機と呼ぶ．

　同期機には発生電圧が正弦波状のものと，パルス状の電圧で駆動されるパルスモータ（ステップモータ，ステッピングモータなどと称される）に分類される．前者に対しては，4 章で述べ，後者に対しては 8 章で述べる．

　非同期機としては，誘導電動機と整流子電動機に分類される．誘導電動機は 3.1.4 節で述べた誘導電流を利用した電動機であり，6 章で述べる．整流子電動機は，構造は直流機と類似であるモータであり，ユニバーサルモータとも称される．直流機は，単極機と異極機に分類される．異極機は，よく使われてきた直流機であり，6 章で述べる．

　単極機は図 3.28 のように，回転子円板を持ち，紙面の上から磁界をかけると図 3.28 のような直流起電力が生じる．それをブラシで集電し，直流発電機となる．逆に，磁界を紙面の裏側から表面にかけ，矢印のような直流電流を流すことでトルクを得る．

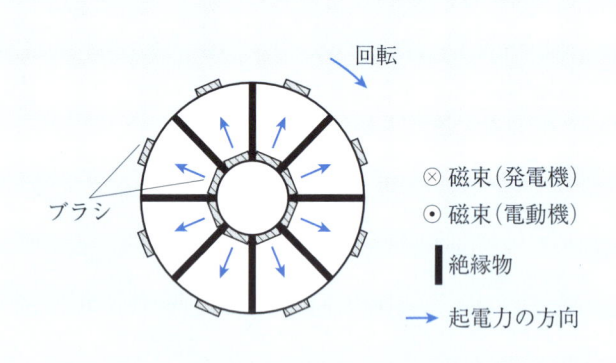

図 3.28　円板形直流単極機の構造模式図

―― 例題 3.7 ――
　図 3.28 の矢印の方向のトルクを得るために，なぜ発電機の場合と逆の方向に磁界をかけなければならないか．

【解答】　フレミングの法則を考えれば，逆方向となる．

　もう 1 つの単極機として円筒形がある．図 3.29 はその構造模式図である．導体に電流を流すことでトルクを得ることができ，逆に回転させることで起電力を生む．

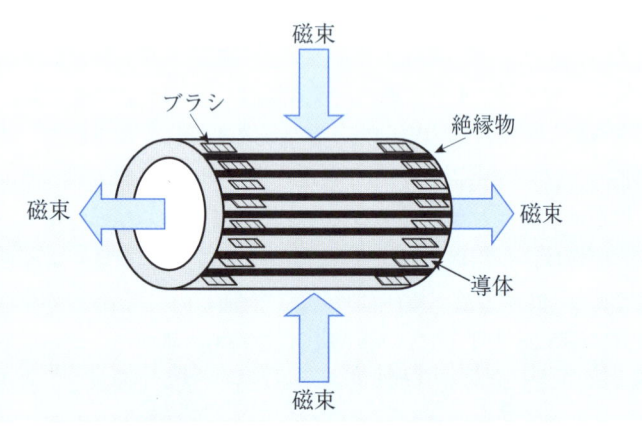

図 3.29　円筒形単極機の模式図

単極機は，空間に高磁束密度が必要である．このため，磁性体と導体による電磁石では，その要求に応えるのは難しい．したがって，低圧大電流などの特殊用途のみに用いられてきた経緯がある．導体に超電導線を用いることで，上述の要求に応えることができ，超電導単極機が注目されている．

一方，構造上の分類として，磁界を発生させる界磁と起電力を発生させる（または，電流を流してトルクを得る）電機子からなる構造を持つ同期機，直流機とその他に分類することができる．

そこで，次章以降では，同期機，直流機，誘導機，その他の順番で各論に進むことにする．

📘 ベクトル積

2 つのベクトル

$$\boldsymbol{A} = [A_x, A_y, A_z], \quad \boldsymbol{B} = [B_x, B_y, B_z]$$

において，$\boldsymbol{A}$ と $\boldsymbol{B}$ のベクトル積（外積）

$$\boldsymbol{C} = [C_x, C_y, C_z]$$

は，

$$C_x = A_y B_z - A_z B_y$$
$$C_y = A_z B_x - A_x B_z$$
$$C_z = A_x B_y - A_y B_x$$

で表される．

また，$\boldsymbol{C} = \boldsymbol{A} \times \boldsymbol{B}$ とすれば，$\boldsymbol{C}$ は $\boldsymbol{A}$ と $\boldsymbol{B}$ でつくられる平面に垂直で，2 つのベクトルのなす角を θ とすると，

$$|\boldsymbol{C}| = |\boldsymbol{A}||\boldsymbol{B}|\sin\theta$$

となる．なお，$\boldsymbol{A}$ から $\boldsymbol{B}$ に向かって右ねじを回したときのねじの向きを正とすると，ベクトル積（外積）の定義から，

$$\boldsymbol{A} \times \boldsymbol{B} = -\boldsymbol{B} \times \boldsymbol{A}$$

が成り立つ．

3章の問題

☐**1** 図 3.30 のように磁束密度 B [T] の空間に 1 巻のコイルが回転している．回転方向と磁束密度の方向との角度を θ [rad] とする（図の位置は $\theta = 0$）とする．端子電圧 v [V] を求めよ．

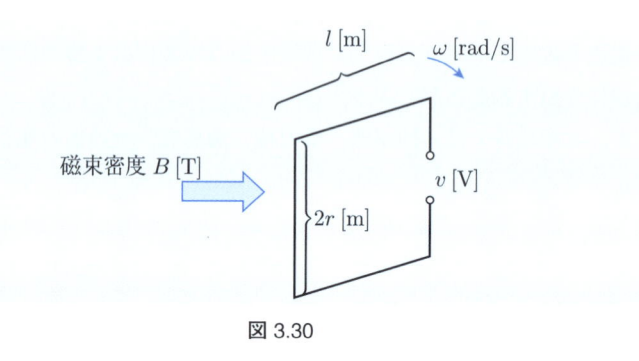

図 3.30

☐**2** 図 3.5 の電磁石において，磁性体（鉄）の透磁率を無限大とする．磁束が関与する空隙の断面積を $1\,\mathrm{cm}^2$ とし，コイルの巻数を 100 とする．空隙長が 2 mm のとき，20 N の力を得るための励磁電流を求めよ．

☐**3** 1 分間の回転数が N（これを N [min^{-1}] と書く）の電動機の出力が 10 kW である．トルクはいくらか．

☐**4** 毎極毎相のスロット数が 3 の巻線がある．高調波を抑制するためにどのような巻線をするのがいいか．

4 同 期 機

　同期機の基本構造は，磁界を発生する界磁と発電機の場合は電圧発生する電機子からなる．電動機の場合は電機子電流と界磁磁束による電磁力により回転する．つまり，発電機の場合も電動機の場合もフレミングの法則を用いた原理的な構造を持つ．同期機といわれる所以は，発電機の場合に回転数に応じた周波数の電圧が発生すること，電動機の場合は電源の周波数に応じた回転数となることによる．8章で述べるパルス電圧で駆動されるパルスモータもパルスの周波数に応じた回転数となるため同期機として分類される．本章では，交流を発生させる同期発電機と交流電源で駆動される同期電動機について述べる．

　また，主として三相同期発電機ついて述べた後，同期電動機について述べる．

4章で学ぶ概念・キーワード
- 電機子反作用
- 短絡比
- V曲線

第 4 章 同 期 機

4.1 はじめに

　同期機は，回転子が外か内かで分類される．小容量の同期機では高トルクが得られるため外回転子が用いられるものもあるが，機械的強度の観点から一般には，内回転子である．

　回転子が電機子か界磁かで分類され，それぞれ回転電機子形，回転界磁形と呼ばれる．回転界磁形の特殊な例として誘導子形[1])がある．回転電機子形は電流が大きい電機子電流を集電することが困難であり，一般的には回転界磁形が採用される．

　界磁には，電磁石が採用されてきたが，最近の永久磁石の発展により，永久磁石形同期機が増えてきている．また，電磁石を用いた界磁には，**突極形界磁**と**円筒形**界磁に分類される．大容量の同期機では，円筒形界磁が用いられる．

　同期機，特に発電機は三相電圧を発生させるものがほとんどである．電動機においても三相電源を使用する場合がほとんどであるが，多相機の場合もある．

　現在の電力系統の発電機のほとんどが同期機である．一方，同期電動機は電源の周波数に応じた回転数でのみ運転が可能であり，かつては，その用途が限られていたが，最近のパワーエレクトロニクスの進展で要求に応じた周波数を発生できる電源が容易に入手でき，同期電動機の利用範囲が非常に拡大してきている．

　同期機は，界磁磁束を変えることにより，無効電力を制御できることを利用した同期調相機がある．

---

[1]) 6 章で述べる．

4.2 同期発電機

電力系統の発電機として広く用いられている電磁石を用いた回転界磁形三相同期発電機について述べる．

4.2.1 回転数と周波数

同期発電機は，界磁と電機子からなり，それが相対的に動くことにより，交流を発電するものの総称である．この動きが回転運動と直線運動する場合がある．一般には，回転運動するものである．この交流の周波数 f [Hz] は，回転数 N [min^{-1}] と極数（界磁極の数）P に関係し，

$$f = \frac{PN}{120} \tag{4.1}$$

となる．

例題 4.1

日本における電力系統の周波数は，50 Hz と 60 Hz が採用されている．発電機の極数が 2 の場合，14 の場合のそれぞれの回転数を求めよ．回転数は毎分の回転数をいうことが多く，単位は min^{-1} である[2]．

【解答】 (4.1) 式より，

$$N = \frac{120f}{P}$$

となるので，数値を代入して，表 4.1 のような結果を得る． ∎

表 4.1 周波数と極数と回転数

	2 極機	14 極機
50 Hz	3000 min^{-1}	$428\frac{4}{7}$ min^{-1}
60 Hz	3600 min^{-1}	$514\frac{2}{7}$ min^{-1}

---
[2] かつては回転数の単位として rpm（revolution per minute または rotation per minute）が用いられた．

写真 4.1 火力発電用の同期発電機の電機子（固定子）と界磁（回転子，クレーンでつりさげられている部分）．高速で回転するため極数が小さくて左右細長い構造となっている［写真提供：東京電力株式会社］

写真 4.2 立軸形の水力発電のための同期発電機の界磁（回転子）発電機にすえつける作業．低速回転のための極数が大きい［写真提供：東京電力株式会社］

4.2.2 界磁と電機子

　界磁巻線は，火力発電や原子力発電に使われるタービン発電機のように回転数が高く，極数が少ない場合は，円筒回転子に単相の分布巻が採用される．水車発電機のように回転数が低く，極数が多い場合は，突極回転子に集中巻が用いられる．円筒回転子は，鉄塊で鍛造してつくられる．突極回転子は積層鉄板でつくられる．

　回転している界磁巻線は静止部の電源と回転側に備わっている**スリップリング**といわれるリング状の導体と静止部のブラシとで電気的に接続される．

　電機子巻線は，一般に分布巻が用いられる．また，高調波起電力を小さくするため，短節巻が採用される．タービン発電機のように極数が小さい場合は重ね巻が，水車発電機のように極数が多い場合は波巻が用いられる．

---- 例題 4.2 ----
　極数が多い多極機に波巻が採用される理由を答えよ．

【解答】　極数が多いとき，重ね巻を採用すると，極ごとの巻線を接続する極間接続線が多数必要となる．また，極ごとの磁束の不均衡があり，起電力も不均等となる．そのため，電流も不均等となる．波巻巻線の採用により，それらが是正される．　■

　電力系統における発電機の動力は，水力と蒸気（火力発電，原子力発電）である．
　前者の場合は，回転数が低く突極回転子が用いられる．また，その多くの回転は水平回転である．したがって，回転軸が垂直である．このような発電機を水車発電機という．
　後者は回転数も高く回転軸が水平である円筒回転子を持つ．このような発電機をタービン発電機という．

4.2.3 電機子巻線誘導起電力

　集中巻の場合の起電力を計算しておけば，分布係数や短節係数を用いて，分布巻の起電力を計算できる．以下で集中巻の起電力を計算する．
　図 4.1 のように，界磁極と全節巻の電機子巻線 a と b を考える．

電機子巻線にはそれぞれ n 本の導体があるとする．ab 間を集中巻の巻線とすると，電機子巻線の巻数は n となる．電機子導体数は $Z = 2n$ となる．電機子導体の有効長を l_i [m] とする．

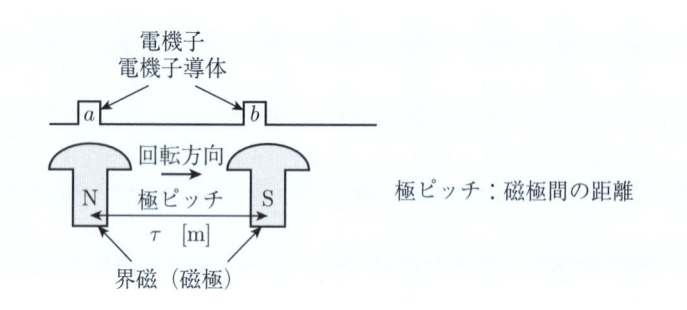

図 4.1 電機子誘導起電力

界磁が図 4.1 の方向に速度 v [m/s] で回転しているとする．巻線の受ける磁束密度それぞれ添え字に対応して B_a [T]，B_b [T] とする．

電機子導体 a の誘導起電力 e_a [V]，電機子導体 b の誘導起電力 e_b [V] は，それぞれ

$$e_a = nl_i v B_a, \quad e_b = nl_i v B_b \tag{4.2}$$

となり，巻線全体として，誘導起電力 e は，

$$e = e_a - e_b = nl_i v (B_a - B_b) \tag{4.3}$$

となる．磁束の分布が均一であれば，$B_a = -B_b$ であるから，

$$e = 2nl_i v B_a \tag{4.4}$$

となる．

磁束密度分布の基本波 $B_a = B_1 \cos\theta$（極の中心を $\theta = 0$）を考え，誘導起電力の実効値 E_1 [V] は，

$$E_1 = \sqrt{2} nl_i v B_1 \tag{4.5}$$

となる．

速度 v [m/s] は電機子と界磁の相対速度であり，周波数 f [Hz] と極ピッチ τ [m]（界磁間の距離）を用いて，$v = 2\tau f$ となるから，

$$E_1 = \sqrt{2}nl_i \cdot 2\tau f B_1 \tag{4.6}$$

となる．先ほどの θ を極ピッチ τ [m] と極中心からの距離 x [m] で表すと，$\theta = \dfrac{\pi x}{\tau}$ となる．磁極1極当たりの磁束で表現すると便利なことが多い．基本波におけるそれを Φ_1 [Wb] とすると，

$$\Phi_1 = l_i \int_{-\frac{\tau}{2}}^{\frac{\tau}{2}} B_1 \cos \frac{\pi x}{\tau} dx = \frac{2}{\pi} l_i \tau B_1 \tag{4.7}$$

となる．これより，

$$E_1 = \sqrt{2}\pi n f \Phi_1 \simeq 4.44 n f \Phi_1 \tag{4.8}$$

が得られる[3]．

高調波成分に対する誘導起電力 e [V] は，磁束密度分布を

$$B = B_1 \cos\theta + B_3 \cos 3\theta + B_5 \cos 5\theta + \cdots \tag{4.9}$$

として，

$$e = 2nl_i v(B_1 \cos\theta + B_3 \cos 3\theta + B_5 \cos 5\theta + \cdots) \tag{4.10}$$

となる．したがって，集中巻では磁束分布に対応した誘導起電力となる．3章で説明をした分布巻や短節巻を利用すれば，高調波誘導起電力を小さくできる．このことが分布巻や短節巻が採用される一つの理由である．

--- 例題 4.3 ---
集中巻で求めた誘導起電力から分布巻での誘導起電力を求めよ．また，短節巻をした場合の誘導起電力を求めよ．

【解答】 $E_n = \sqrt{2}\pi l_i v B_n k_{dn} k_{pn}$ ■

4.2.4 電機子電流による磁束

電機子電流により磁界が発生する．それを分類すると次のようになる．

---

[3] この 4.44 の数字は電気機器でよく出てくる数字である．

電機子電流による磁束

① **漏れ磁束**：界磁には影響を与えず，電機子導体だけに鎖交する磁束．記号を Φ_l とする．
② **電機子反作用磁束**：界磁の発生する磁束と同じ経路を通り，界磁磁束を強めたり，弱めたりする磁束（増磁または減磁作用）．Φ_{da} と記す．
③ **交さ磁化作用磁束**：界磁巻線には鎖交磁束で，界磁極の一方から入り他方へ出る磁束である．界磁磁束を歪ませる磁束．Φ_{qa} と記す．

以上の磁束を模式的に図示すると，図 4.2 のようになる．

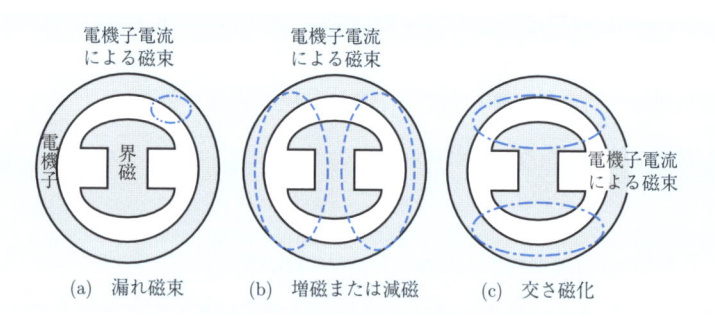

(a) 漏れ磁束 (b) 増磁または減磁 (c) 交さ磁化

図 4.2　電機子電流のつくる磁束

4.2.5　電機子反作用

上述のように，電機子電流による磁束が，界磁電流による磁束に影響を与える．このことを**電機子反作用**という．

電機子反作用について，図 4.3 のような模式図で考える．⊙⊙⊙，⊕⊕⊕は，

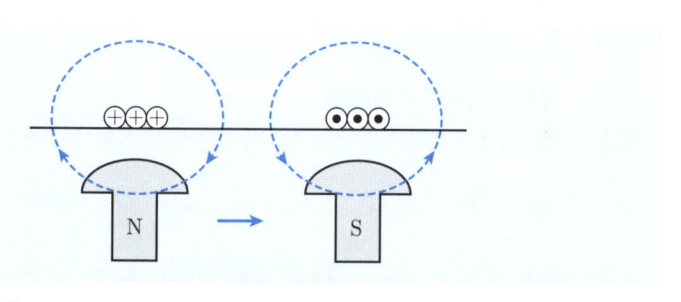

図 4.3　界磁と電機子電流の関係
　　　（無負荷誘導起電力と電流が同位相の場合）

電流が最大になる電機子導体を示し，前者は，紙面の裏面から表面に流れる電流を示し，後者は，紙面表面から裏面に流れる電流を示す．矢印 → は界磁の運動方向を示す．
- 図 4.3 は，無負荷誘導起電力と電機子電流が同相の場合を示している．破線は電機子電流がつくる磁束を示している．このときの電機子反作用磁束は，界磁がつくる磁束を歪ます交さ磁化となる．
- 次に，電機子電流が無負荷の誘導起電力をより 90° 進んでいるときの電機子反作用は，図 4.4 に示すように界磁がつくる磁束を増加させる．これを増磁作用という．

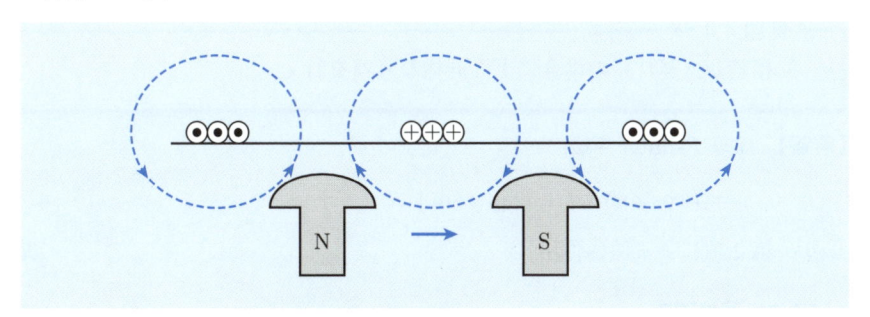

図 4.4 界磁と電機子電流の関係
（無負荷誘導起電力より電機子電流が 90° 進みの場合）

- 電機子電流が無負荷誘導起電力より 90° 遅れている場合は，図 4.5 に示すように電機子反作用は減磁作用となる．

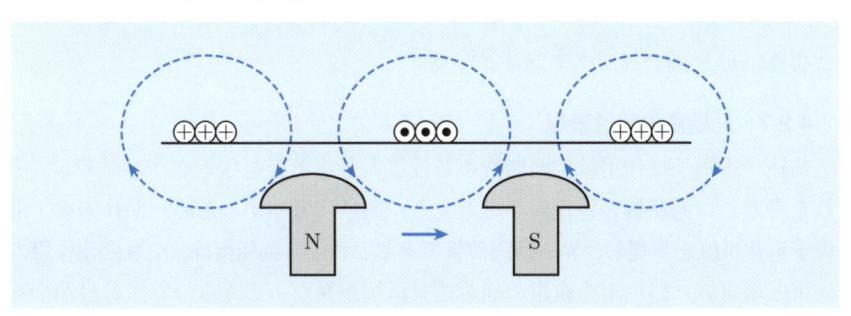

図 4.5 界磁と電機子電流の関係
（無負荷誘導起電力より電機子電流が 90° 遅れの場合）

電機子電流が無負荷誘導起電力と位相差 φ（進み）の場合を考える．
$$i = I\sin(\omega t + \varphi) \tag{4.11}$$
とおくと，
$$\begin{aligned} i &= I\sin\omega t\cos\varphi + I\cos\omega t\sin\varphi \\ &= I\cos\varphi\sin\omega t + I\sin\varphi\sin\left(\omega t + \frac{\pi}{2}\right) \end{aligned} \tag{4.12}$$
となり，第1項は無負荷誘導起電力と同相であり，第2項は位相が $\pi/2$ 進んだ項となる．第1項の電流による磁束は交さ磁化作用，第2項のそれは増磁作用となる．

例題 4.4

位相差 φ（遅れ）の場合に上と同様な考察を行え．

【解答】　$i = I\sin(\omega t - \varphi)$
$$= I\cos\varphi\sin\omega t + I\sin\varphi\sin\left(\omega t - \frac{\pi}{2}\right)$$
より，第2項による減磁作用．　　　　　　　　　　　　　　■

4.2.6　漏れ磁束

漏れ磁束は，界磁巻線には鎖交せず，電機子導体のみに鎖交する磁束である．その磁束をつくるためのリアクタンスを x_l とすると，その電圧降下 $\dot{E}_l$ は，電機子電流を $\dot{I}_a$ とすると，
$$\dot{E}_l = jx_l\dot{I}_a \tag{4.13}$$
となる．x_l を漏れリアクタンスという．

4.2.7　同期機の特性表現

前述の電機子反作用は，同期機の特性に大きく影響を与えるものである．それを考慮した同期機の特性表現を考える．簡単に考察するため，漏れ磁束，電機子導体抵抗を無視し，界磁は円筒機であるとする（突極機は，交さ磁化作用の磁束と増（減）磁作用の磁束の通る磁気抵抗が異なってくるので，考察が少々やっかいである）．

①漏れ磁束と電機子抵抗を無視した場合

無負荷誘導起電力を $\dot{E}_0$ とする．電機子電流を $\dot{I}_a$ とし，無負荷誘導起電力に

対して遅れているとする．この場合のベクトル図（図 4.6）を考える．

電機子電流を無負荷誘導起電力と同相分 $\dot{I}_q$ と 90° 遅れた電流 $\dot{I}_d$ に分解する（前節で，瞬時値電流を分解したのと同じこと）．電流 $\dot{I}_d$ は，主磁束に対して減磁作用をなす．この電流による磁束が無負荷誘導起電力に与える影響はリアクタンス x_d で $jx_d\dot{I}_d$ と表すことにする．電流 $\dot{I}_q$ による磁束は交さ磁化作用分である．同様にリアクタンス x_q として，無負荷誘導起電力には $jx_q\dot{I}_q$ の影響を与える．ベクトル図を用いて以上のことを表現すると図 4.6 のようになり，端子電圧 $\dot{E}_t$ を求めることができる．いまの場合，円筒機を考えているので，$x_d \simeq x_q$ となり，端子電圧 $\dot{E}_t$ は，

$$\dot{E}_t = \dot{E}_0 - jx_q\dot{I}_a \tag{4.14}$$

と表される．ベクトル図に示した端子電圧 $\dot{E}_t$ と無負荷誘導起電力 $\dot{E}_0$ とのなす角を内部相差角と呼び，一般に記号 δ（単位はラジアン）で記す．運転状態を記述する重要な角度である．

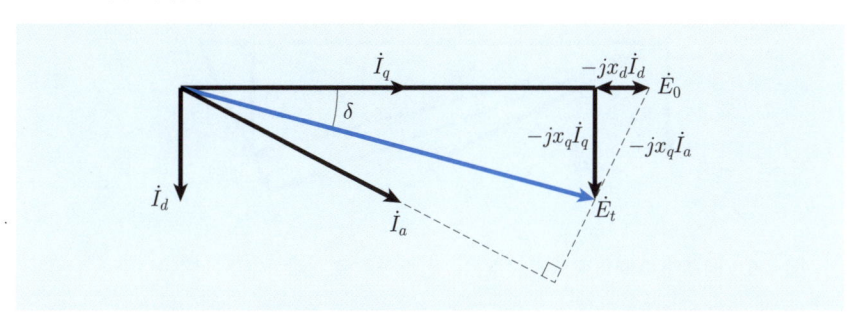

図 4.6 同期機の無負荷誘導起電力，電機子電流，端子電圧の関係ベクトル図（漏れ磁束，電機子導体抵抗は無視）

②電機子抵抗を無視した場合

①では漏れ磁束を無視したが，これを考慮する．この磁束に対応するリアクタンスを x_l とする．そうすると端子電圧 $\dot{E}_t$ は，

$$\dot{E}_t = \dot{E}_0 - j(x_q + x_l)\dot{I}_a \tag{4.15}$$

となり，そのベクトル図は，図 4.7 のようになる．

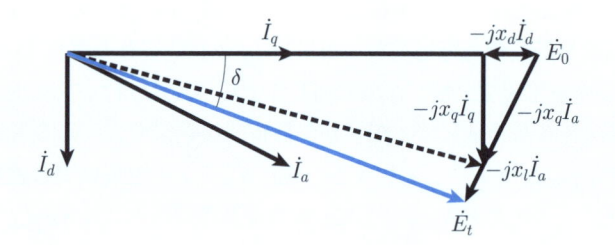

図 4.7 同期機の無負荷誘導起電力，電機子電流，端子電圧の関係ベクトル図
（電機子導体抵抗は無視）

③円筒機のベクトル図

さらに，電機子抵抗 r_a を考慮すると，それによる端子電圧の電圧降下は $-r_a \dot{I}_a$ となるので，そのベクトル図は，図 4.8 のようになる．

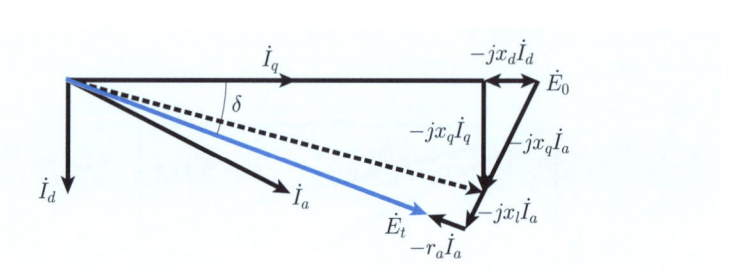

図 4.8 同期機の無負荷誘導起電力，電機子電流，端子電圧の関係ベクトル図

したがって，円筒機の端子電圧と電機子電流と無負荷誘導起電力の関係は，

$$\begin{aligned}
\dot{E}_t &= \dot{E}_0 - jx_q\dot{I}_a - jx_l\dot{I}_a - r_a\dot{I}_a \\
&= \dot{E}_0 - (r_a + jx_s)\dot{I}_a \\
&= \dot{E}_0 - \dot{Z}_s\dot{I}_a
\end{aligned} \tag{4.16}$$

となる．ただし，

$$x_s = x_l + x_q,$$
$$\dot{Z}_s = r_a + jx_s$$

である．この $Z_s = |\dot{Z}_s|$ を同期インピーダンスと呼ぶ．また，x_s を同期リアク

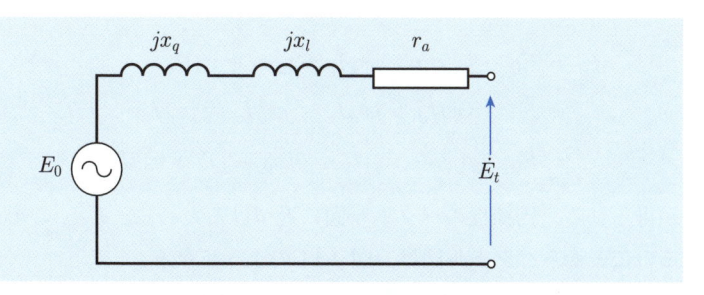

図 4.9 同期発電機の 1 相分等価回路（円筒機）

タンスという．一般に抵抗 r_a は x_s に比べて小さい（もし大きいと損失が多く，同期発電機としての機能に問題がある）ので無視し，同期リアクタンスを同期インピーダンスとして使用する場合も多い．

以上の電圧電流の関係を 1 相分の等価回路で表すと 図 4.9 のようになる．

④突極機のベクトル図

この場合は，電機子電流による磁束のうち，界磁磁束と同相な場合と 90° 位相がある場合で，図 4.10 に示すようにその磁路が違う．上記で定義した x_d と x_q が違う．界磁に電磁石を用いる場合は，一般に $x_d > x_q$ となる．界磁に永久磁石を用いる場合には $x_d < x_q$ となる場合も多い（これを永久磁石機の凹極性と呼ぶ）．

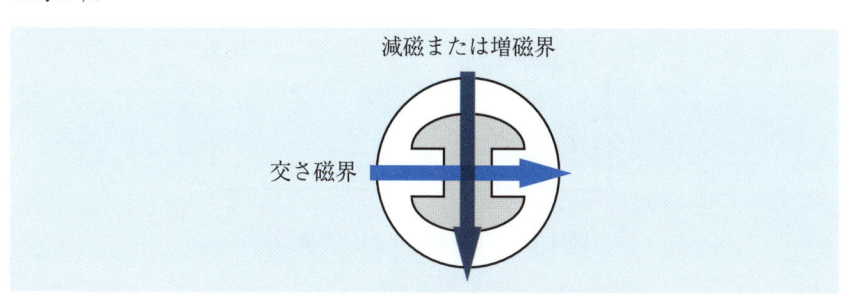

図 4.10 突極機の電機子電流による磁界

このことを考慮して，ベクトル図を考える．端子電圧と無負荷誘導起電力と電機子電流の関係は，

$$\dot{E}_t = \dot{E}_0 - jx_d\dot{I}_d - jx_q\dot{I}_q - (jx_l + r_a)\dot{I}_a$$
$$= \dot{E}_0 - jx_d\dot{I}_d + jx_q\dot{I}_d - jx_q\dot{I}_d - jx_q\dot{I}_q - (jx_l + r_a)\dot{I}_a$$
$$= \dot{E}_0 - j(x_d - x_q)\dot{I}_d - (jx_q + jx_l + r_a)\dot{I}_a \tag{4.17}$$

が得られる．円筒機のベクトル図に近づけるために，$x_q I_a$ の項を残している．このことからベクトル図は，図 4.11 のようになる．

(4.17) 式より，1 相分の等価回路は，図 4.12 となる．

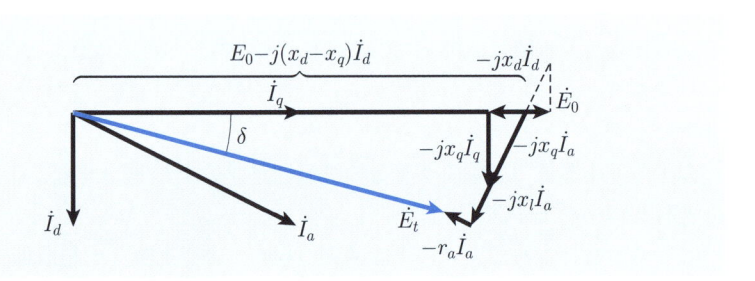

図 4.11 突極機の特性ベクトル表現

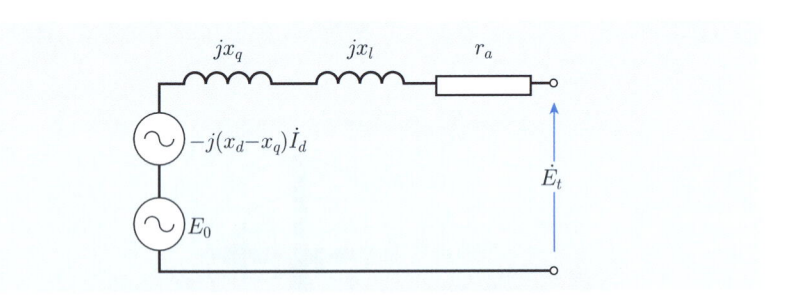

図 4.12 突極機の 1 相分等価回路

4.2.8 同期発電機の特性

同期発電機の運転特性を前もって把握することは重要である．しかし，運転状態により，その特性が変わることも多い．また，大容量機であるため，負荷特性を知る実験が困難な場合も多い．そこで，試験法を標準化し，得られた試験結果から，運転時の特性を暗示させることにしている．

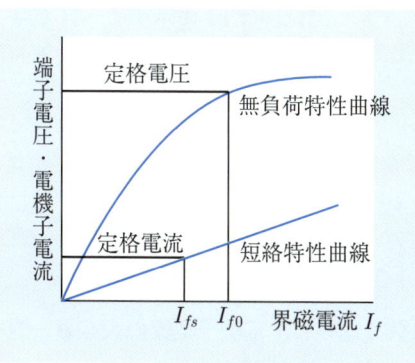

図 4.13 無負荷特性と短絡特性

■特性曲線

(1) 無負荷特性
同期発電機を無負荷で，定格速度で運転し，界磁電流と端子電圧の関係を示したものである．鉄芯の磁気飽和の影響で界磁電流と端子電圧の関係が直線にならず，飽和特性を持つ．このことから無負荷飽和特性とも呼ばれる．図 4.13 に典型的な無負荷特性を示す．永久磁石を界磁に用いる場合は，1 点の無負荷電圧のみである．

(2) 短絡特性
同期発電機の電機子巻線の端子を短絡し，界磁電流と電機子電流の関係を示したものである．無負荷飽和特性とは違って，ほぼ直線となる．図 4.13 に典型的な短絡特性を示す．

例題 4.5

無負荷特性は磁気飽和の影響が出るが，短絡特性は直線となる理由を示せ．

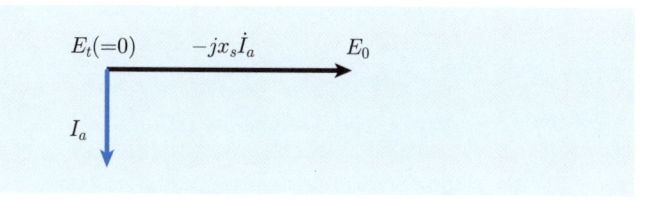

図 4.14 短絡時のベクトル図

【解答】 短絡時のベクトル図は図 4.14 に示すようになり，電機子電流がほぼ 90° 遅れであり，減磁作用となるため，鉄芯の磁束密度が低いので磁気飽和が起こらない． ∎

図 4.13 に示す無負荷で定格端子電圧を発生させる界磁電流 I_{f0} と，短絡時に定格電機子電流を流すための界磁電流 I_{fs} を用いると後に述べる短絡比や同期リアクタンスを求めることができる（4.3 節）．

(3) 負荷飽和曲線

発電機を定格回転数で運転し，電機子電流の大きさと力率を一定に保った状態で，端子電圧と界磁電流の関係を示すものである．大容量の発電機では，大きな負荷を必要とするため，この特性を求めるのは困難である．力率 0 での特性を特に零力率特性曲線と呼ぶ．負荷が零力率であれば，負荷にエネルギー消費がなく，特性試験が行いやすい可能性がある．

(4) 外部特性曲線

発電機を定格回転，界磁電流一定で運転し，負荷電流と端子電圧の関係を示した特性曲線である．この特性も大容量機では測定しがたいものである．遅れ負荷電流が増すと端子電圧は低くなるが，進み力率においては，逆に高くなる．

4.3 単位法

　定格電圧，定格電流とその積からなる皮相電力（容量）を基準値として，電圧，電流，インピーダンス，電力を表す方法を**単位法**という．変圧器において百分率インピーダンスなどを用いたが，同じ方法である．定格電圧，定格電流，容量などの違う発電機などの電力機器を統一的に評価できる場合が多い．

　三相を基本にして，この単位法を考える．一般に電圧は，線間電圧が採用される．電流は線電流である．一般に電力機器は定格容量と定格電圧で定格を与える（定格に対する添え字を n とする）．定格電圧を V_n [V]，定格電流を I_n [A] とすると，定格容量 S_n [VA] は，$S_n = \sqrt{3}V_n I_n$ となる．インピーダンスの基準値 Z_{base} [Ω] は，

$$Z_{base}~[\Omega] = \frac{V_n~[\text{V}]}{\sqrt{3}I_n~[\text{A}]} \tag{4.18}$$

となる．単位法の単位を [pu] とする．

　無負荷飽和特性曲線と短絡特性曲線から同期インピーダンスを求めることを考える．無負荷電圧は，界磁電流に比例しているとし，その係数を k とする．無負荷飽和特性より，E_0 が相電圧に注意して，

$$E_{0n} = kI_{f0} \tag{4.19}$$

短絡特性より，

$$kI_{fs} = Z_s I_n \tag{4.20}$$

したがって，

$$\frac{I_{fs}}{I_{f0}} = \frac{Z_s I_n}{E_n} = \frac{Z_s}{Z_{base}} = Z_s~[\text{pu}] \tag{4.21}$$

となり，無負荷特性と短絡特性から，同期インピーダンスの単位法における値を知ることができる．ただし，飽和がない場合であり，この値から，経験によって，飽和のある運転状態の同期インピーダンスを予測している．

■ 短絡比（SCR：short circuit ratio）

$$\frac{I_{f0}}{I_{fs}} \tag{4.22}$$

を**短絡比**と定義する．この値は，水車発電機では，$0.8 \sim 1.2$，タービン発電機では，0.6 程度の値をとることが知られている．この SCR が小さいとき，上述のように同期インピーダンスが大きい．同期インピーダンスが大きいことは，等価回路からもわかるように，電圧変動率が大きい．これは，電機子反作用も大きいことから，電機子巻線が多いことを意味する．一方，短絡比が大きいものは，その逆である．そのようなことから短絡比の小さい同期発電機（電気機器一般も）を**銅機械**という．短絡比の大きい電気機器を**鉄機械**という．

☕ 単位法

単位法を導入することで計算が非常に簡単になる．特に三相回路においては，線間電圧と星形 (Y) 結線の相電圧を意識せずに計算できることは便利である．定格が P [kVA]，V [V] の三相回路を考える．線路等の単位法で与えられたインピーダンス Z_{pu} であるとすると，定格電圧でこの回路において三相短絡があったときの単位法による電流 I_{pu} は，$1/Z_{pu}$ となる．短絡電流はこの系の定格電流の $1/Z_{pu}$ 倍の電流が流れることになる．この計算において線間電圧と相電圧の区別をしなくてよい．

数値例：配電系統における事故電流遮断するための遮断器を規格化していると便利である．日本においてこれを $12.5\,\text{kA}$ としている．三相短絡電流が最大であるから，定常電流が $1\,\text{kA}$ とすると，配電系統のインピーダンスは，単位法で $Z_{pu} = 1/12.5 = 0.08$ 以上である必要があることが分かる．

単位法の便利さをいろいろ考えることも有用である．

4.4 出力特性

同期発電機を内部インピーダンス零で電圧一定の電源に接続し，発電機運転をしているときの出力特性を考える．つまり，発電機の端子電圧が一定の場合の出力特性を考える．端子電圧を基準とする位相角 δ を用いて，無負荷誘導起電力（星形結線の相電圧で表現する）を

$$\dot{E}_0 = E_0 e^{j\delta} \tag{4.23}$$

と表すことにする．

電力は 1 相分等価回路より，

$$P = 3\,\mathrm{Re}(\dot{E}_t^* \dot{I}_a) \tag{4.24}$$

と表せる．ただし上付添え字 "*" は共役複素数を示し，Re( ) は実数部を示す．

電機子抵抗を無視して，考察を進める．

①円筒機の場合

1 相分の等価回路（図 4.9）より，電機子電流 $\dot{I}_a$ は，

$$\dot{I}_a = \frac{\dot{E}_0 - \dot{E}_t}{jx_s} \tag{4.25}$$

となり，電力は，$\dot{E}_t = E_t$ であるから，

$$P = \frac{3E_t E_0}{x_s} \sin\delta \tag{4.26}$$

となる．したがって，最大に送れる電力は $\dfrac{3E_t E_0}{x_s}$ となる．

②突極機の場合

電機子電流 $\dot{I}_a = (I_q - jI_d)e^{j\delta}$ と表されることに注意して，

$$P = 3(E_t I_q \cos\delta + E_t I_d \sin\delta) \tag{4.27}$$

となる．漏れリアクタンス x_l を x_d, x_q に含めたベクトル図（図 4.15）より，

$$\begin{cases} E_0 = E_t \cos\delta + x_d I_d \\ 0 = E_t \sin\delta - x_q I_q \end{cases} \tag{4.28}$$

の関係があることを用いて，電力は，

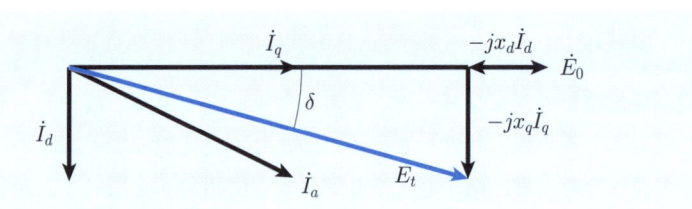

図 4.15 突極機のベクトル図
（漏れリアクタンスは，x_d, x_q に含める）

$$P = 3\left\{\frac{E_t E_0}{x_d}\sin\delta + \frac{1}{2}\left(\frac{1}{x_q} - \frac{1}{x_d}\right)E_t^2 \sin 2\delta\right\} \tag{4.29}$$

が得られる．第 2 項は，d 軸と q 軸のリラクタンスの違いによる出力を示す．このリラクタンスの違いによるトルクを**リラクタンストルク**という．8 章で述べるリラクタンスモータはこのトルクを利用したモータである．

円筒機と突極機の出力特性を図 4.16 に示す．突極機において，$x_d > x_q$ の場合を示している．永久磁石を用いた場合に $x_d < x_q$ となることがある．そのときは図 4.16 の第 2 項の正負が逆になる．

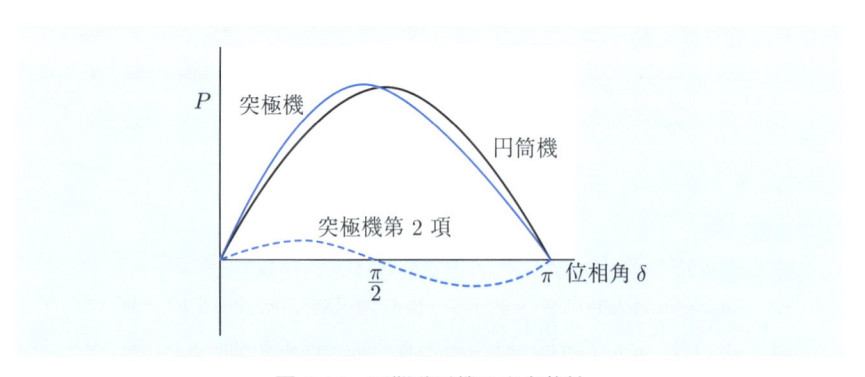

図 4.16 同期発電機の出力特性

4.5 同期電動機

　同期発電機と同じ構造を持つ機器の電機子に交流電流を流すと電動機として働く．これは，電機子電流により回転磁界が発生し，界磁のつくる回転磁界と同じ速度であれば回転するわけである．これを同期電動機という．同期機は他の回転機に比べて大容量な機器をつくることができるので，非常に大きい電動機として製作され，運転された．欠点は電機子電流による回転磁界と同じ速度，つまり，電源周波数 f と極数 P に関係した回転速度

$$N\ [\mathrm{min}^{-1}] = \frac{120f}{P} \tag{4.30}$$

でしか回転できず，速度制御に課題があった．しかし，半導体電力変換による可変周波数電源が容易になり，それまで直流機が使われてきた分野に広く使われるようになった．可変周波数電源と同期機とを組合せると直流機の特性となる．DC ドライブといわれているモータも直流機でなく，可変周波数電源＋同期機 である場合が多い．

4.5.1 等価回路

　電動機と発電機は構造が同じであるから，等価回路も電流の方向が違うだけで同じである．等価回路を図 4.17 に示す．

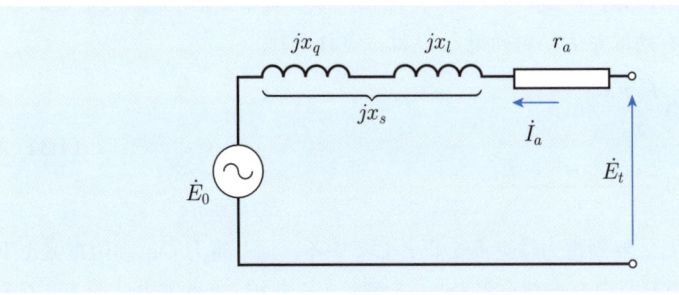

図 4.17 同期電動機の等価回路

したがって，

$$\dot{E}_t - \dot{E}_0 = (r_a + jx_s)\dot{I}_a \tag{4.31}$$

となり，ベクトル図の一例は図 4.18 のようになる．

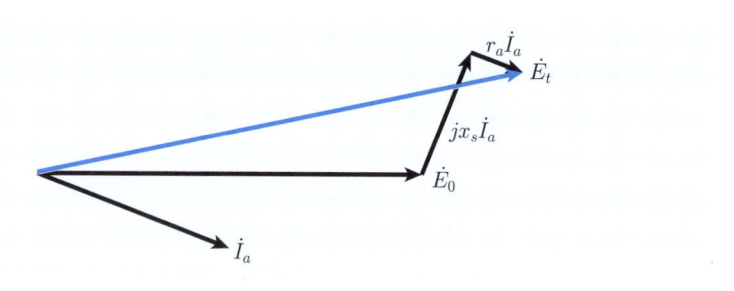

図 4.18　同期電動機のベクトル図

4.5.2 出力

同期電動機の電力を考える．電機子抵抗を無視すると電機子電流 $\dot{I}_a$ は，

$$\dot{I}_a = \frac{\dot{E}_t - \dot{E}_0}{jx_s} \tag{4.32}$$

となるから，端子での複素電力 $\dot{P}$ は，

$$\begin{aligned}\dot{P} &= 3\dot{E}_t^* \dot{I}_a \\ &= 3\frac{E_t E_0}{x_s}\sin\delta + 3j\frac{E_t E_0 \cos\delta - E_t^2}{x_s}\end{aligned} \tag{4.33}$$

となる．ただし，$\dot{E}_0 = E_0 e^{-j\delta}$ とし，位相角 δ の基準は端子電圧 $\dot{E}_t$ である．したがって，有効電力 P，無効電力 Q は，それぞれ，

$$\begin{cases} P = 3\dfrac{E_t E_0}{x_s}\sin\delta \\ Q = 3\dfrac{E_t E_0 \cos\delta - E_t^2}{x_s} \end{cases} \tag{4.34}$$

となる．ただし，無効電力は進みを正としている．同じ電力で，励磁電流を下げ，無負荷誘導起電力を小さくすると，δ が大きくなり，無効電力は小さくなる（遅れの方向になる）．このことは，発電機の場合と逆である．

この現象は，同期電動機の電機子反作用によるものである．

同期電動機の電機子反作用を次の①～③に分類して考える．

①電機子電流と無負荷誘導起電力とが同相（発電機の場合 π だけ位相が違うことに注意）の場合

4.5 同期電動機

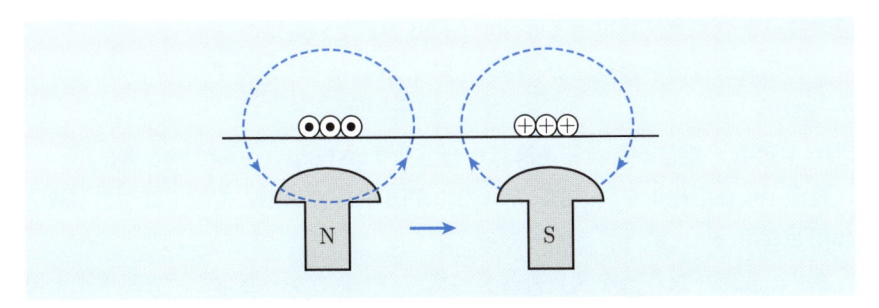

図 4.19 電機子反作用（交さ磁化作用（模式図））

この場合の電機子電流のよる磁束を図 4.19 に示す．この場合の電機子反作用は交さ磁化作用としてはたらく．

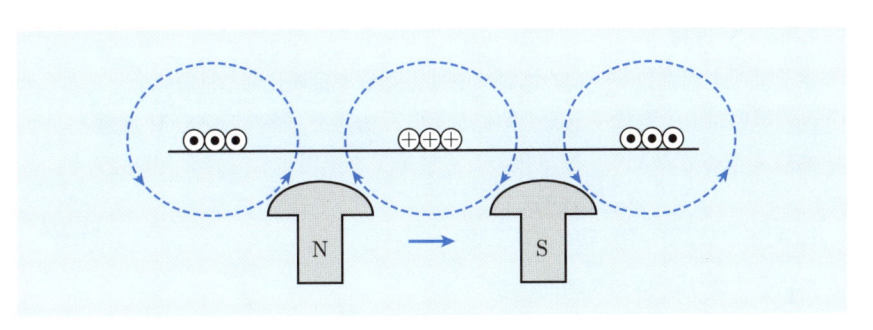

図 4.20 電機子反作用（電流が 90°（$\pi/2$）遅れ）増磁作用

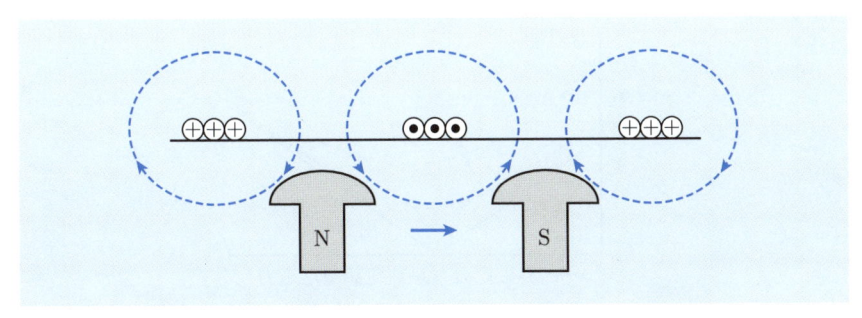

図 4.21 電機子反作用（電流が 90°（$\pi/2$）進み）減磁作用

②電流が無負荷誘導起電力より 90°（π/2）遅れている場合

この場合の電機子電流による磁束を図 4.20 に示す．電機子反作用が増磁作用となる．

③図 4.20 は，電流が無負荷誘導起電力より 90°（π/2）進んでいる場合

電機子反作用磁束を模式的に示したのが図 4.21 である．電機子反作用が減磁作用となる．

次に，電機子反作用を無負荷誘導起電力の大きさから考える．界磁電流を増加させると無負荷誘導起電力が増加する．その増加をおさえる方向に電機子電流が流れる．つまり，減磁作用となるように電機子電流は，遅れ方向になる．界磁電流を減少させた場合は，上記と逆になる．

無負荷の同期電動機において，界磁電流を変化させ電機子電流の位相を変え，無効電力を変えることを主目的とした同期機を同期調相機という．

4.5.3 V 曲線

端子電圧と周波数が一定の電源に同期電動機を接続運転し，負荷を一定としたときの界磁電流と電機子電流の関係を示した曲線を，その形から **V 曲線**という．V 曲線を求めてみよう．簡単化のために損失を無視する．ベクトル図より，

$$I_a^2 = \frac{E_t^2 + E_0^2 - 2E_t E_0 \cos \delta}{x_s^2} \tag{4.35}$$

が得られ，電力と位相角の関係式

$$P = \frac{E_t E_0}{x_s} \sin \delta \tag{4.36}$$

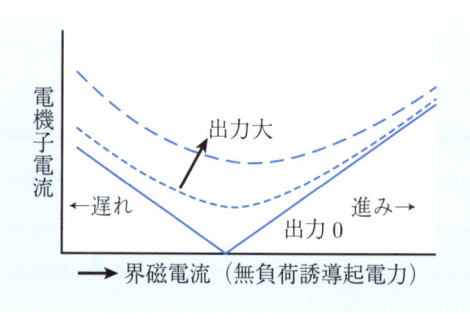

図 4.22 同期電動機の界磁電流と電機子電流

から，位相角を消去して，

$$I_a = \frac{1}{x_s}\sqrt{E_t^2 + E_0^2 - 2\sqrt{E_t^2 E_0^2 - x_s^2 P^2}} \tag{4.37}$$

これを図示すると，図 4.22 のようになる．

このように同期電動機は力率調整が可能となり，高力率運転ができることが特徴の一つとなる．力率調整のために同期電動機を無負荷運転する．この電動機を**同期調相機**と呼ぶ．電力系統での力率調整用に用いられている．なお，主な電力系統における力率調整（これが電圧調整となる）は，コンデンサ，リアクトルやパワーエレクトロニクスを応用した STATCOM と呼ばれる静止器である．これらに比べて，同期調相機は回転機である欠点はあるが，内部に電源（誘導起電力）を有しているところに長所がある．

4.5.4 乱調

同期電動機は，同期速度でトルクを出す．負荷が変わったとき，位相角が変化して対応する．このときに位相角が振動しながら負荷に見合った位相角に落ち着く．この現象を乱調という．乱調時は，電機子のつくる回転磁界と界磁がつくる回転磁界に差が出ていることとなる．このために界磁鉄芯にはその差の周波数の磁束があることになり，そのために渦電流が流れる．これは 6 章で述べる誘導機の 2 次巻線電流と同じものであり，速度が増加すると減速トルク，速度が減少すると加速トルクを発生させ，乱調をおさえる．さらに積極的に乱調をおさえるために，界磁に誘導機のかご形巻線と同様な巻線を施すことがある．この巻線を**制動巻線**と呼んでいる．

4.5.5 始動と速度制御

同期電動機は同期速度のときだけ，トルクを発生するので，そのまま一定周波数の交流電源に接続しても始動しない．始動方法は，上述の制動巻線を利用する方法，可変周波数の電源を用いる方法がある．

(1) 制動巻線を利用する方法

制動巻線を持つ同期電動機において，界磁巻線に電流を流さずに電源に接続する．このとき，制動巻線が誘導電動機の 2 次巻線（6 章参照）となり，起動する．その後，回転子は加速し，同期速度に近づいたときに界磁電流を流し，同期速度となる．

(2) 可変周波数電源を用いる方法

低周波数から定格周波数まで電源周波数を変化させ，起動させる．また，これにより速度制御することができる．

(3) 始動電動機による方法

同軸に直流機または，誘導機を始動電動機として設置する．始動電動機で同期速度まで速度を上昇させ，界磁電流を流し，運転状態とする．

4.5.6 損失と効率

■損失

入力と出力の差は損失である．回転機の場合は，電気的損失と機械的損失がある．

(1) 機械的損失：回転に伴なう損失で，軸受け損，風損，ブラシ損がある．風損は，回転に伴なう摩擦による．

(2) 電気的損失：変圧器などの静止器と同様に次の損失がある．

① **鉄損**：変圧器と同様に磁性体のヒステリシス損と渦電流損からなる．ただし，励磁に伴なうそれらの損失である．負荷電流（電機子電流）の影響を受けないので，固定損とも呼ばれる．

② **銅損**：電機子電流による電機子巻線の抵抗損である．直接負荷損とも呼ばれる．

③ **励磁損**：界磁電流による界磁巻線の抵抗損である．

④ **漂遊負荷損**：負荷の状態に影響を受ける損失で，直接負荷損以外の損失である．負荷電流（電機子電流）による鉄損と理解しておくとよい．

⑤ **誘電体損**：絶縁物における損失である．

(3) その他の損失：例えば，冷却に伴う損失などをいう．

■効率

同期機の効率は出力／入力で定義される．小容量のものは，実負荷をかけて損失を実測することができるが，大容量のものは，実測はきわめて困難である．したがって，規定された方法に従って，損失を見積もり，効率を算定する．これを規約効率という．規約効率は，出力／（出力＋規定された損失）となる．

損失の算定は次の3つの測定と計算からなる．

a) 無負荷・無励磁における運転からの損失測定：機械損が測定される．
b) 無負荷・定格端子電圧における損失測定：機械損と鉄損が測定される．励磁損は界磁巻線の抵抗測定と界磁電流から算定する．
c) 定格電機子電流が流れるように調整した三相短絡定常時の損失測定：機械損と直接負荷損と漂遊負荷損の和が測定される．直接負荷損は別途測定した電機子巻線抵抗から算出する．

■冷却

大容量機になればなるほど，冷却が必要である．この理由は，機器の容積と機器の容量が比例していないことによる．機器の容積は，(機器の容量)$^{3/4}$ に近いように設計される．損失は，機器の容積にほぼ比例するので，このことは，スケールメリット（容量が大きいほど，メリットがある）が出ることを意味している．損失は，ほぼ熱になる．熱の放散は，表面積に比例すると考えると，大容量機になるほど熱の放散が悪くなる．したがって，冷却を必要とする．

冷却には，空気，さらに水素，さらに水が用いられる．大容量機では，界磁と空隙に水素による冷却，電機子巻線の内部に水を流した水直接冷却が行われている．

💭 水素冷却

発電機や電動機は，その体格（体積，重量）の増加により，容量がそれ以上増加させることができることは述べた．これをスケールメリットという．このスケールメリットを生かすためには冷却が必要であることも述べた．そこで，大容量の同期発電機は，電機子は直接水冷却を行っており，回転子である界磁は直接水素冷却である．回転子を直接水冷却も研究されたが，スケールメリットを生かすことができないことが分かり，水素冷却が行われている．水素の特徴は，①空気（窒素，酸素）に比べて，比重が小さいこと（ほぼ1/14）．②比熱（$J\,kg^{-1}\,K^{-1}$）が空気に比べて14倍ほど大きいこと．③熱伝達度（$W\,m^{-1}\,K^{-1}$）が空気に比べて7倍ほど大ききこと．④コロナ発生電圧が高いことなどがあげられる．①は機械の風損が小さいこと．②と③は冷却効率のよさとなること．④は絶縁に有利なことにつながり，有効な冷却媒体となっている．

4章の問題

☐ **1** 電力系統に接続されて同期発電機が運転されている．励磁電流を増加させると力率が変化する．同様に変化を答えよ．

☐ **2** 定格容量 1000 MVA，定格電圧 20 kV の同期発電機の短絡比が 0.5 である．同期インピーダンスを求めよ．

☐ **3** 問題 2 の発電機の短絡特性を求める実験において，短絡電流が定格電流になるようにするには，無負荷定格電圧を出す励磁電流の何倍の励磁電流となるか．

☐ **4** 問題 2 の発電機（電機子巻線の抵抗は無視できるとする）が，定格 1000 MVA，20 kV/500 kV の変圧器を介して，500 kV 電力系統（電圧一定でインピーダンスが無視できるとする）に接続されている．変圧器の％インピーダンスが 20％である．力率 1 で定格出力している場合の端子電圧と無負荷誘導起電力の比を求めよ．

☐ **5** 60 Hz で運転される実験用同期発電機（定格容量 20 kVA，定格電圧 200 V，インピーダンス 1.7 p.u.）がある．これを 50 Hz で運転することとなった．定格電圧は 200 V とし，電機子電流は 60 Hz での運転を超えないようにする．この発電機の50 Hz での定格容量はいくらになるか．50 Hz で定格容量で力率 1 の運転をする励磁電流で，60 Hz で定格容量の運転をすると力率はいくらの運転が可能か．

☐ **6** 50 Hz の電源に接続され，10 kW の出力を出す損失が無視できる同期電動機がある．この電動機の励磁電流をそのままにして，25 Hz の電源に接続して，10 kW の出力で運転することとする．50 Hz の電源と 25 Hz の電源の電圧が等しいとすると，無負荷誘導起電力と端子電圧の位相差は電源を変えたとき，どのようになるか論じよ．

5 直流機

　直流を発電する直流発電機，直流で駆動する直流電動機について本章で考察する．

　同期発電機の出力を整流すれば，直流が得られる．また，直流から交流を得るインバータを用いて同期電動機を駆動すれば，直流駆動の電動機となる．この整流器とインバータの役割を回転子と同軸の整流子と静止側におかれたブラシで行うものである．したがって，電機子が回転子となる．

　直流機，特に，直流電動機は速度制御に優れた特徴を有し，電車，産業機器などに広く利用されてきた．しかし，この整流に関わるところの保守管理，寿命の課題がある．最近のインバータなどの半導体電力変換器の進歩により，この課題のために，大容量の直流機は消滅しつつある．一方，いわゆる OA 機器に使用される電動機には，直流機の使用が増大している．

　このような背景のもとで，大形の直流機に関する章を設けて述べるのは，インバータなどを使用した交流機の速度制御などの目標として直流機があることや小形モータとしての使用が増大しているからである．

> **5 章で学ぶ概念・キーワード**
> - 分巻発電機
> - 複巻発電機
> - 整流
> - 補極
> - 分巻電動機
> - 直巻電動機
> - 複巻電動機

5.1 原理と構造

直流発電機の発電原理は運動起電力 ($e = v \times B \cdot l$)，電動機は磁束と電流による電磁力 ($f = i \times B \cdot l$) を利用している．

したがって，磁界を発生する**界磁**と，発電機の場合の出力を受け持ち，電動機の場合にトルクを受け持つ**電機子**からなる．

上述のように，発電機の場合における電機子の出力，電動機の場合における電機子への電流入力に対して，回転を利用した整流（電動機の場合はインバータ）を行うため，電機子が回転子となる．固定子は界磁となる．

固定子である界磁は集中巻が採用され，電機子は主として分布巻が採用される．

図 5.1 左図は，発電機の場合の回転数に応じた回転子（電機子）の誘導電圧を，フレミングの右手の法則により，模式的に描いたものである．図 5.1 の右図はフレミングの左手の法則を用いて，電動機の場合の回転子（電機子）の電流を示している．いずれの場合も回転子を静止系から見た場合に誘導起電力や電機子電流の方向は一定である．そこで，回転部に接点をおいて，静止部（固定部）の接点と接触させれば，固定部端子には，直流（脈流）が得られることになる．この回転部の接点を**整流子**，固定部の接点を**ブラシ**と呼んでいる．このように回転を利用して，整流を行っているのが直流機の特徴である．したがって，電機子が回転子となる．図 5.2 に上述の整流に対する模式的な図を示す．

この整流を機械的に行っているため，接点の摩耗・汚損などが保守性の悪いことや寿命の短いなどの欠点となる．

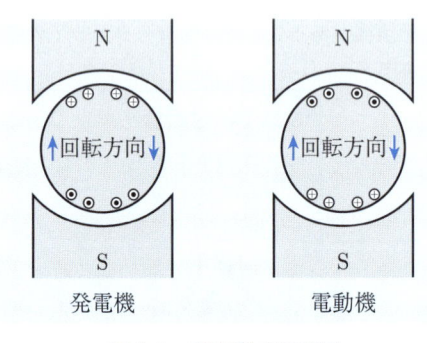

図 5.1　直流機の原理図

5.1 原理と構造

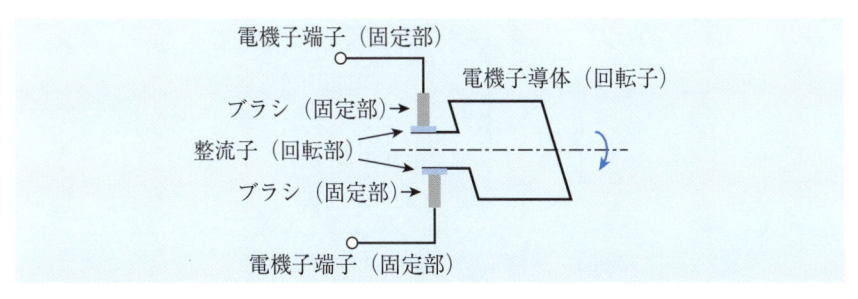

図 5.2 整流の模式図

(1) **界磁巻線**

界磁巻線は突極形同期機の界磁巻線と同様に積層鉄芯に集中巻されている．

(2) **電機子巻線**

電機子巻線は同期機の電機子巻線と同様に積層鉄芯に溝を施し分布巻されている．同期機との違いは1つの溝に必ず2つ以上の偶数個の導体があることである．回転を利用し，整流子とブラシによる整流を行うため，巻線と整流子とブラシの位置関係を知ることが必要である．直流機の電機子巻線も同期機の電機子と同様に**分布巻**[1])が採用され，同様に**重ね巻**と**波巻**がある．

図 5.3 は重ね巻の場合の電機子巻線，整流子，ブラシの関係を示す図（回転子を展開した図）である．直流機の場合は，電機子溝に偶数個の導体を入れる．この図の場合，実線と点線で示す導体が同じ溝にあること示している．電機子巻線と整流子は同じ回転速度で回転し，ブラシは静止している．整流子の一つ一つの接点を整流子片という．整流子片に巻線が接続しており，整流子片同士は絶縁されている．ブラシが隣り合う整流子片を通過するとき，その整流子片に接続されている導体の起電力はほぼ零である．図 5.3 が4極機の展開図であるときは，左端のブラシと右端のブラシは同じものである．

直流機を見たとき，そのブラシの位置が界磁極の位置である．

[1)]小形電動機では集中巻が採用される場合が多い．8 章を参照．

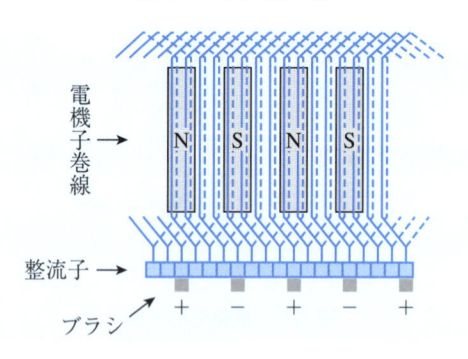

図 5.3 重ね巻電機子巻線
（整流子，ブラシの位置関係）

波巻巻線の場合は，ある整流子片からはじめて電気導体を通り，電機子を 1 回りして隣の整流子片にくる巻線であるので，（整流子片の数）÷（極対数）が整数でなければならないように巻線を考える必要がある．図 5.4 は波巻巻線と整流子とブラシの関係を模式的に展開図で示したものである．図 5.4 にブラシを破線で示したものがある．黒い影で示した − のブラシの右隣の点線で示したブラシは，＋ のブラシである．この破線のブラシと黒い影で示した ＋ のブラシは，巻線をたどるとわかるが，発電に寄与しない電機子導体と接続されている．したがって，破線で示したブラシは不要であることがわかる．波巻巻線においてブラシは常に 2 個である特徴がある．

以上のことが以下の式 (5.1)～式 (5.4) の注釈にかかれている．重ね巻の場合に極数と電機子導体の並列回路数が等しいことと波巻の場合に並列回路数が 2 であることを示している．

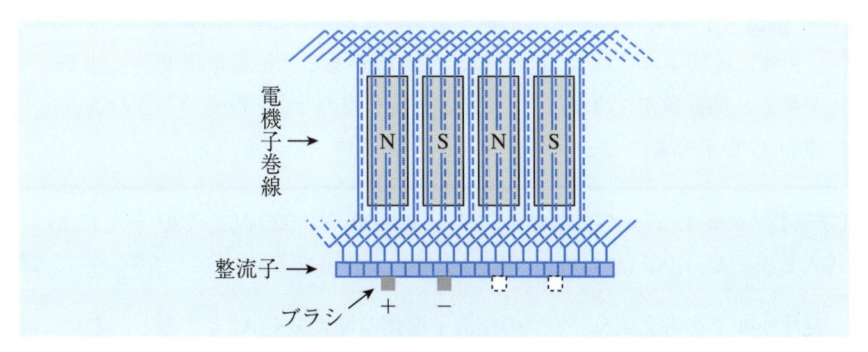

図 5.4 波巻電機子巻線
（整流子とブラシの位置）

(3) 誘導起電力とトルク

1つの電機子巻線の誘導起電力は，その長さと速度をそれぞれ，l [m]，v [m/s] とし，巻線が受ける磁束密度を B [T] とすると，

$$e = Blv \tag{5.1}$$

となる（磁束密度，導体長さ，導体速度の方向がそれぞれ直交している）．

いま，電機子導体数を Z とし，その並列数を $2a$ とすると[2]，電機子の電圧 E [V] は，

$$E = \frac{BlvZ}{2a} \tag{5.2}$$

となる．界磁の極数を $2p$，電機子の平均直径を D [m]，磁極1極当たりの磁束を Φ [Wb]，回転数を N [min^{-1}] とすると，

$$B \cdot \pi D = 2p\Phi, \quad v = \pi D \frac{N}{60} \tag{5.3}$$

となるので，誘導起電力は，

$$E = \frac{p}{a} Z \Phi \frac{N}{60} \tag{5.4}$$

となる．

---

[2] 重ね巻の場合は，$a = p$，波巻の場合は，$a = 1$

例題 5.1

8極,電機子導体総数 400 の直流発電機がある.毎極の磁束が 0.02 Wb である.回転数が 720 mim^{-1} である.重ね巻のとき,波巻のときの誘導起電力 E を求めよ.

【解答】 $p = 4$, $a = 4$(または 1), $Z = 400$, $\Phi = 0.02$, $N = 720$ を式 (5.4) に代入して,$E = 96$ (重ね巻),384 (波巻) が得られる. ■

発生トルクを考えよう.1つの電機子導体の電流を i [A] とすると,それに働く力 f [N] は,

$$f = Bli \tag{5.5}$$

となるから,トルク t [Nm] は,

$$t = Bli\frac{D}{2} \tag{5.6}$$

となる.電機子導体全体のトルク T [Nm] は,

$$T = ZBli\frac{D}{2} \tag{5.7}$$

である.電機子電流を I_a [A] とすると,

$$2ai = I_a \tag{5.8}$$

となり,

$$T = \frac{1}{2\pi}\frac{p}{a}Z\Phi I_a \tag{5.9}$$

となる.

誘導起電力の式とトルクの式は非常によく似ている.さらに,回転数を回転角速度 ω [rad/s] とすると,

$$\omega = 2\pi\frac{N}{60} \tag{5.10}$$

より,式 (5.4) は,

$$E = \frac{1}{2\pi}\frac{p}{a}Z\Phi\omega \tag{5.11}$$

となり,誘導起電力 E と ω の関係とトルク T と電機子電流 I_a の関係において同じ係数となる.

── **例題 5.2** ──────────────────
$1800\,\mathrm{min}^{-1}$ のときの誘導起電力が $100\,\mathrm{V}$ である直流発電機がある．これを電動機として用い，電機子電流を $100\,\mathrm{A}$ を流したときのトルクはいくらか．ただし，界磁磁束は発電機運転時と電動機運転時と同じとする．

【解答】 式 (5.11) と式 (5.9) から，$E = k\omega$, $T = kI_a$ となるので，
$$T = \frac{EI_a}{\omega} = \frac{100 \times 100}{2\pi \times \frac{1800}{60}} \simeq 53 \quad [\mathrm{Nm}]$$

(4) 電機子端子電圧

上記で求めた誘導起電力に対して，電機子巻線の抵抗による電圧降下と，ブラシと整流子の間の電圧降下分だけ低い電圧が電機子端子電圧となる．電機子巻線抵抗を $R_a\,[\Omega]$，ブラシ整流子間の電圧降下[3)] を $e_b\,[\mathrm{V}]$ とすると，端子電圧 $V\,[\mathrm{V}]$ は，

$$V = E - R_a I_a - e_b \tag{5.12}$$

となる．

電動機の場合の運転状況を表す式について考える．電機子端子の電圧が $V\,[\mathrm{V}]$ とする．このとき，誘導起電力は**逆起電力**と呼ばれ，

$$V - E = R_a I_a + e_b \tag{5.13}$$

が成り立つ．したがって，式 (5.4)，式 (5.12)，式 (5.13) より，回転数 $N\,[\mathrm{min}^{-1}]$ は，

$$N = 60 \cdot \frac{V - R_a I_a - e_b}{\dfrac{p}{a} Z \Phi} \tag{5.14}$$

で与えられる．この式とトルクの式から運転状態が把握できる．すなわち，電動機の負荷の速度トルク特性を用いる必要がある．

[3)] ブラシ整流子間の電圧降下は，電流の小さいときをのぞいて，ほぼ一定であることが知られている．

5.2 電機子反作用

電機子電流により界磁磁束に影響を与える．このことを電機子反作用という．無負荷の場合は図 5.5 に示すような磁束の方向となる（細かい磁束分布でない）．この図において円は回転子，つまり電機子を表す．

この直流機を発電機として運転する．そのときの運動起電力は図 5.6 の $\odot$, $\oplus$ 印のようになる．ただし，電機子導体を最大運動起電力を持つ導体に代表させている．負荷を持つと電流の方向は運動起電力と同じ方向となるので，電機子電流による磁束（電機子反作用磁束）は図 5.6 のような方向となる．その大きさは，負荷電流が大きいとき，大きくなる．

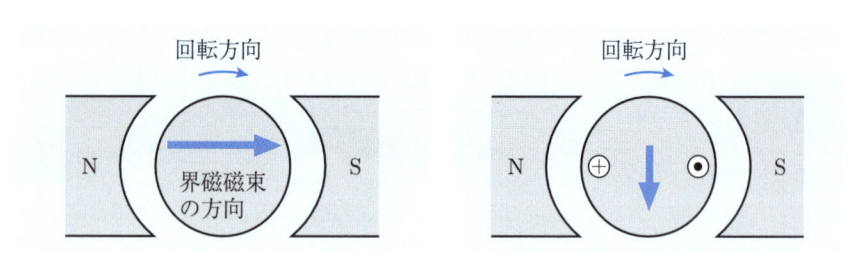

図 5.5 無負荷の場合の電機子上の磁束　　**図 5.6** 電機子電流による磁束の方向

したがって，負荷を持った発電機運転状態の磁束の方向は，図 5.7 に示す合成磁束の方向となる．電機子の運動起電力の方向が切り替わる境界は，磁束の方向と直交する線で示される．図において，無負荷のときは aa′ で示される線であり，負荷状態では bb′ となる．この境界にブラシをおくことになる．電機子反作用によってブラシの位置を変えるのは非常に不便である．

そこで，電機子反作用の対策が考えられる．その対策として，電機子反作用磁束を打ち消すための補極と補償巻線が考えられている．

(1) 補極

電機子反作用磁束と逆方向の磁束を発生させる磁束をつくる極を図 5.8 のように設ける．この極を**補極**という．補極の巻線に電機子電流を流し，電機子反作用磁束を打ち消す．補極は，次の 5.3 節で述べる整流に関しても重要な役割を持つので，整流極とも呼ばれる．必ず直流機には備えられている．

5.2 電機子反作用

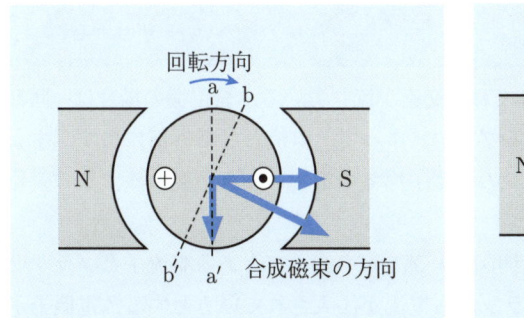

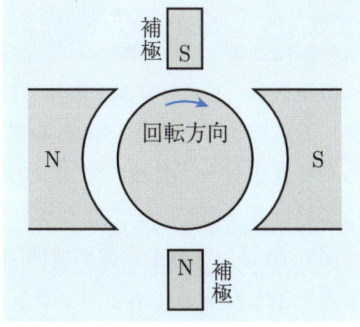

図 5.7 電機子電流が界磁磁束に与える影響（電機子反作用）

図 5.8 補極

(2) 補償巻線

電機子反作用磁束を打ち消すために，界磁極に溝をつくり，そこに導体をおいて，その導体に電機子電流を流す巻線を**補償巻線**という．溝をつくる構造や巻線のこともあって大形機のみ使用される．図 5.9 に模式図を示す．

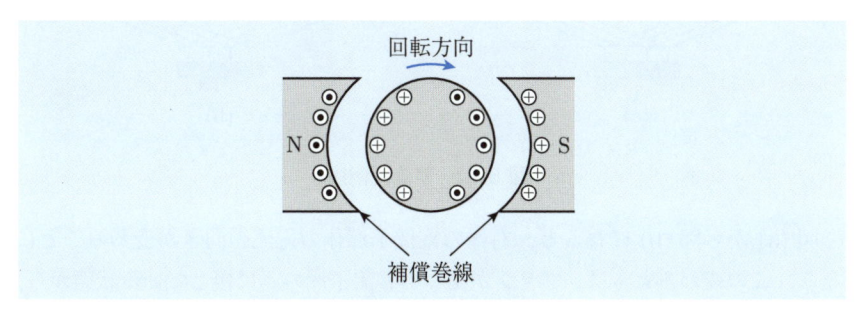

図 5.9 補償巻線

5.3 整　　流

　直流機は，1つの電機子導体では，交流が流れている．発電機の場合は，回転部にある整流子と固定部にあるブラシによって，直流として外部に出す．すなわち整流を行う．整流時に 1 つの電機子導体の電流の向きが変わる．この変化について考える．

　図 5.10 は，電機子巻線の展開図の一部を取り出して，ある整流子とブラシの関係を示したものである．ブラシから電流が注入されているとする．電機子が移動し，ブラシの位置がある整流子片から，隣の整流子片に移る（図 5.10 において，図 (a) から図 (b) へ移る）．電機子導体が右に移動していることになる．ブラシの位置と磁極の位置がほぼ同じところにあるので，ブラシの位置での電機子に関わる磁束は，紙面の裏面から紙面の表面へ向いている．

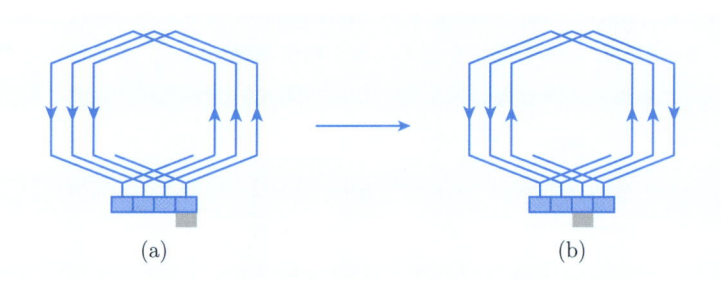

図 5.10　整流説明図

　図 (a) から図 (b) に移ると，右端の電機子導体の電流の向きが変わることになる．この変わるときは，ブラシが 1 つの整流子片のみに接している状態から，隣り合う 2 つの整流片に接し，そのあと，1 つの整流子片のみに接する．その短い時間で電流の方向が変わる．

5.3 整流

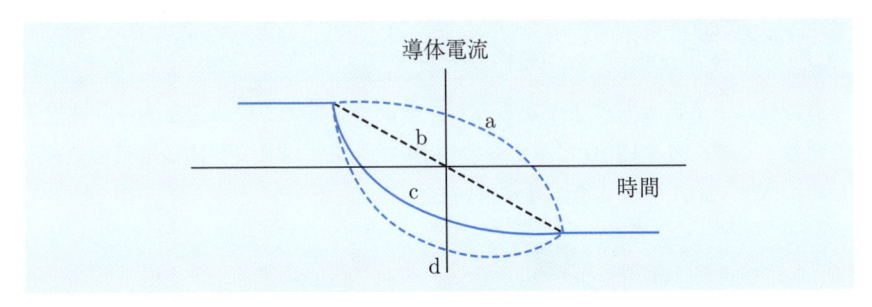

図 5.11 整流過程

図 5.11 は，1 つの電機子導体の電流変化を模式的に示したものである．理想的には直線 b で示している整流が行われることになる．これを直線整流という．しかし，電機子巻線のインダクタンスにより，電流は急に変化できず，曲線 a のようになる．これでは，急速な電流変化とそれに伴うインダクタンスによる電圧のため，ブラシ整流子間で火花を生じるなど問題がある．そこで，インダクタンスによる電圧を打ち消す必要がある．そのために，電機子反作用対策のところで示した，補極がその役割を持つ．電流が変化する導体に注目すると（図 5.10(b)），電流変化する前までは界磁磁束の影響を受けた電流方向に対して，整流時には逆の磁束方向を与えればよいことになるから，電機子反作用のところで示した補極の極性（図 5.8）でよいことになる．

この機械的な整流（交流から直流を得る）は，うまくできている．しかし，整流子とブラシの接触に伴い，汚損などの課題があり，その定期点検などの保守が必要であることから，最近では直流機は 半導体整流器＋交流機 に置き換わった感がある．一方，OA 機器などに使用される電動機では，機器自体の寿命が短いため，定期点検の必要もなく，逆に直流機の利用が広がっている．

5.4 直流機の結線

直流機は，界磁と電機子とからなる．整流子を備えていることから，電機子の記号として，図 5.12(a) に示すものが用いられる．また，界磁は電磁石であるため，図 5.12(b) のような記号が用いられる．

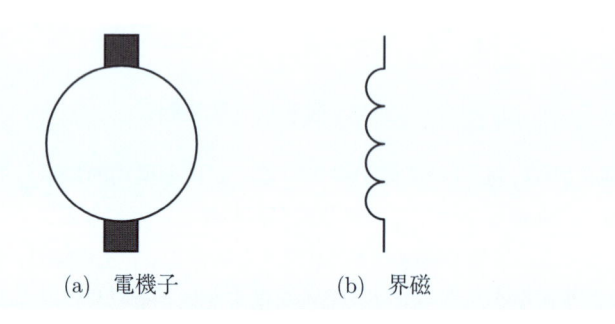

(a) 電機子　　(b) 界磁

図 5.12 電機子と界磁の図記号

この電機子と界磁の接続から，**他励発電機**と**自励発電機**に区分けされる．他励発電機は，界磁巻線を他の直流電源で励磁する方式であり，自励発電機は，自分自身が発生した直流電圧で界磁巻線を励磁する方法である．以下のような分類ができる．

表 5.1

(1) 他励発電機	(2) 自励発電機
	(i) 分巻発電機
	(ii) 直巻発電機
	(iii) 複巻発電機
	(a) 内分巻と外分巻
	(b) 差動と和動

5.4.1 他励発電機

図 5.13 のように，電機子巻線と界磁巻線を接続せずに，界磁巻線を直流電源で励磁する直流発電機を他励直流発電機という．直流機の性質を理解するためには有用であるが，ほとんど利用されない．

5.4 直流機の結線

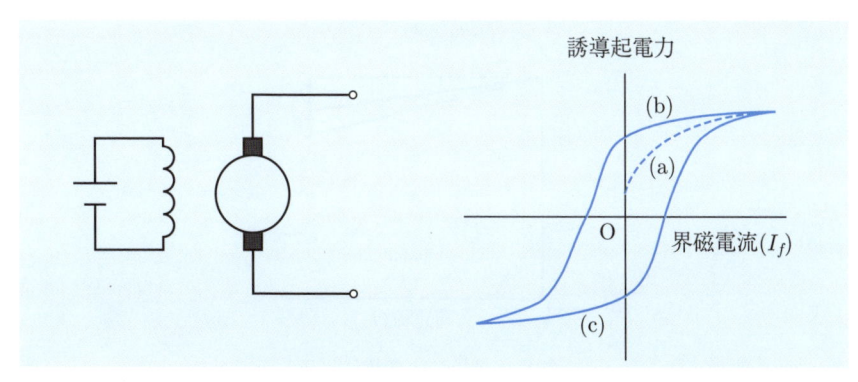

図 5.13 他励発電機の結線図（左）とその無負荷特性（右）

(1) 無負荷特性曲線

回転数を一定に保ち，無負荷運転のときの界磁電流と電機子誘導起電力との関係を示す曲線である．無負荷誘導起電力 E と磁束 Φ の関係は，

$$E = \frac{p}{a} z \Phi \frac{N}{60} \quad \text{(5.4 の再掲)} \tag{5.15}$$

となることは既に述べた．

界磁電流を零から正の方向に増加させると，電流が零でも残留磁束のために，電機子誘導起電力は零ではない．さらに界磁電流を増加させると，一般に磁性材料の磁気飽和のために，図 5.13（右）の (a) のように変化する．その後，電流を減少させると図 (b) のように磁性材料のヒステリシスのために，増加時の電流と同じ界磁電流の誘導起電力より高い誘導起電力となる．界磁電流を負の値まで変化させ，その後，負の界磁電流から正の界磁電流に変化させると，図 (c) のように変化する．

(2) 外部特性曲線

回転数と界磁電流を一定に保ち，負荷電流 I_L（電機子電流）を変化させたときの I_L と端子電圧 V の関係を示したものである．典型的な外部特性を図 5.14 に示す．端子電圧と負荷電流の関係は，

$$V = E - R_a I_L \tag{5.16}$$

なる式で示されるように，負荷電流による電機子抵抗 R_a による電圧降下（図 5.14 の a）に加え，電機子反作用による電圧降下（図 5.14 の b）がある．

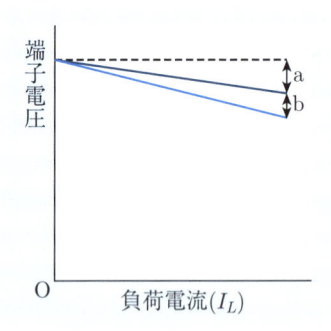

a：電機子抵抗による電圧降下
b：電機子反作用による電圧降下

図 5.14　他励発電機の外部特性

(3) 負荷特性曲線

回転数を一定に保ち，一定負荷電流 I_L を流すときの界磁電流 I_f と端子電圧の関係を示したものが負荷特性といわれる特性である．図 5.15 に示すように無負荷特性に対して，電機子反作用に対応する界磁電流（AB に対応）と負荷電流による電機子抵抗の電圧降下（BC に相当）により，図 5.15 のようになる．

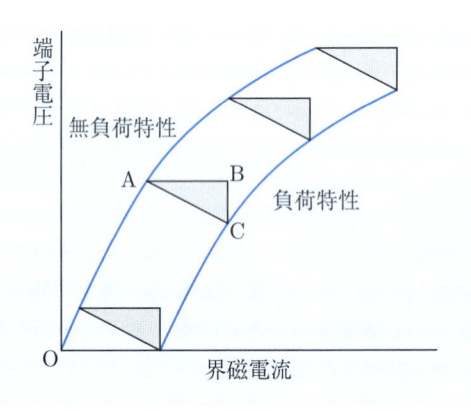

図 5.15　他励発電機の負荷特性

(4) 界磁調整曲線

負荷電流が変化しても端子電圧を一定に保つように界磁電流を調整する．このときの負荷電流に対する界磁電流の関係が界磁調整曲線である（図 5.16）．負荷電流が増加するに従って，端子電圧を一定にするために界磁電流を増加させる．

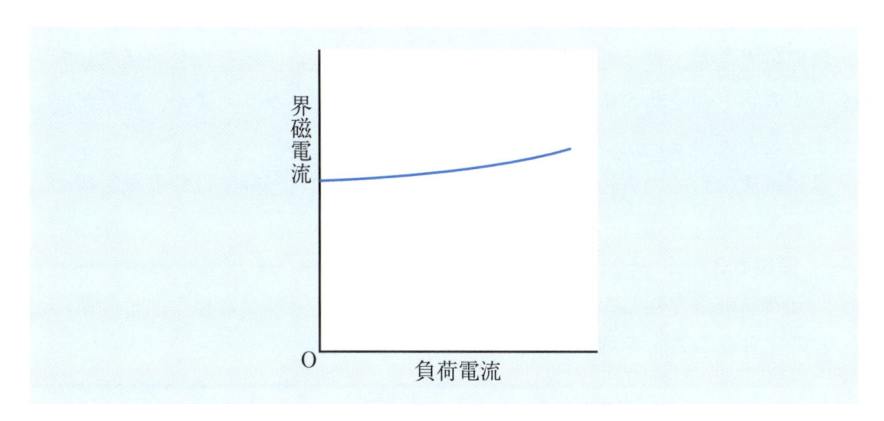

図 5.16　他励発電機の界磁調整曲線

5.4.2　分巻発電機

図 5.17 のように界磁巻線と電機子巻線を並列に接続した直流発電機を分巻発電機という．界磁電流は，電機子の誘導起電力から供給される．残留磁気があれば，別電源なしで，発電機として働く特徴がある．このことを**自己励磁**という．

自己励磁に関して，図 5.17(b) を用いて説明する．図中青の太曲線は，界磁電流に対する無負荷誘導起電力である．直線は，界磁巻線の端子電圧，すなわち

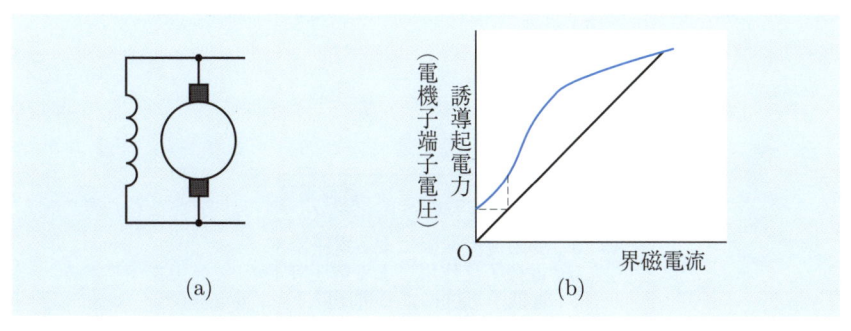

図 5.17　分巻発電機の結線 (a) と自己励磁 (b)

電機子巻線端子電圧と界磁電流の関係を示している．この傾きは，界磁巻線の抵抗を表している．この直線を界磁抵抗線という．界磁電流が小さいこと，電機子抵抗が小さいことを仮定し，説明を進める．

界磁電流が零であっても，残留磁気があると，電機子端子電圧が発生し，その電圧で界磁電流が流れる．その界磁電流で電機子端子電圧は上昇し，そのために界磁電流も上昇する．このことで最終的に界磁抵抗線と無負荷誘導起電力を表す直線との交点で電機子端子電圧が決まることとなり，また，界磁電流も決まることとなる．

界磁電流のための直流電源なしで発電できるこの自己励磁は分巻発電機の特長である．

例題 5.3

分巻発電機を回したところ，所望の電圧が確立されなかった．その原因と考えられることを列挙せよ．

【解答】 回転方向が反対であった．残留磁気が小さい．界磁巻線の抵抗が高い．　　　　　　　　　　　　　　　　　　　　　　　　　　　　　　　　　■

(1) 外部特性曲線

一定回転数で，負荷電流と端子電圧の関係を示したのが，外部特性曲線である．他励発電機において，負荷電流により，電機子反作用と電機子抵抗による

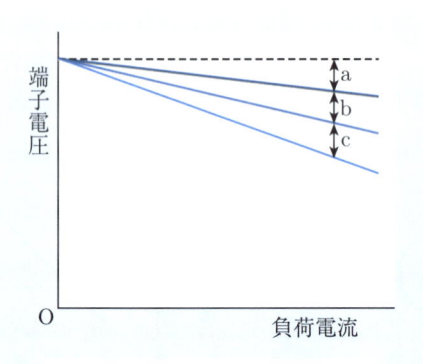

a：界磁電流減少による電圧降下
b：電機子反作用による電圧降下
c：電機子抵抗による電圧降下

図 5.18　分巻発電機の外部特性

電圧降下があった（図 5.14）．分巻発電機では，電機子端子電圧が下がることでさらに界磁電流も小さくなるため，負荷電流による端子電圧は他励発電機のそれよりさらに低下する（図 5.18）．

この外部特性において，負荷電流をさらに増加させた場合について考える．つまり，分巻発電機の端子に接続している負荷の抵抗を小さくした場合を考える．

図 5.19 の右半分は，無負荷誘導起電力と界磁電流，界磁抵抗線を示したグラフである．ある負荷電流 I_{L1} に対する電機子反作用による電圧降下を補償する界磁電流とそのときの電機子抵抗による電圧降下を考える．図 5.19 では，前者を AB で，後者を BC で表す．

① 同図のように C を分巻発電機の無負荷電圧に合わせ，A から界磁抵抗線に平行な線を引き，他励の無負荷特性曲線との交点を A_1，A_2 とする．
② それに対応して，C_1，C_2 が得られる．
③ C_1，C_2 が示す電圧が負荷電流 I_{L1} のときの電圧であるから，それを電機子電流に対応させたグラフとして，左側に表示する．
④ これを行うことで，外部特性曲線が得られる．

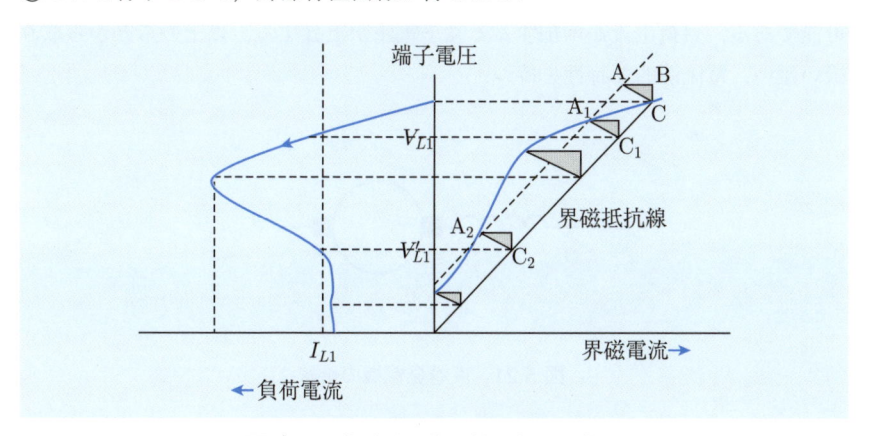

図 5.19 他励発電機の外部特性の作図

得られた曲線を書き直すと図 5.20 のようになる．いま求めたのは，無負荷状態から負荷電流を増加させた場合である．逆に端子を短絡した後，負荷の抵抗を増加させる場合は，図 5.20 における破線のようになる．

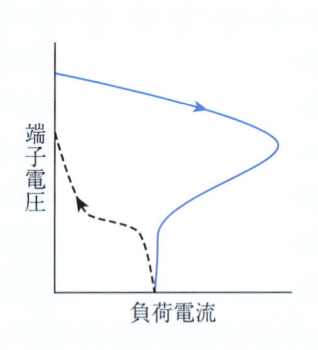

図 5.20 分巻発電機の外部特性

(2) 直巻発電機

直巻発電機は，図 5.21 のように，電機子巻線と界磁巻線を直列に接続したものである．無負荷運転はできない．負荷をかけると残留磁気による自己励磁が可能である．負荷電流が増加すると端子電圧が上昇する．以上のことから取り扱い難い．電流源的な特性を持つ．

図 5.21 直巻発電機の結線

(3) 複巻発電機

直巻界磁巻線と分巻界磁巻線の 2 つの界磁巻線を持つ発電機を複巻発電機という．それはさらに，電機子巻線と界磁巻線（直巻と分巻）の接続方式から，外分巻，内分巻に分類される．

5.4 直流機の結線

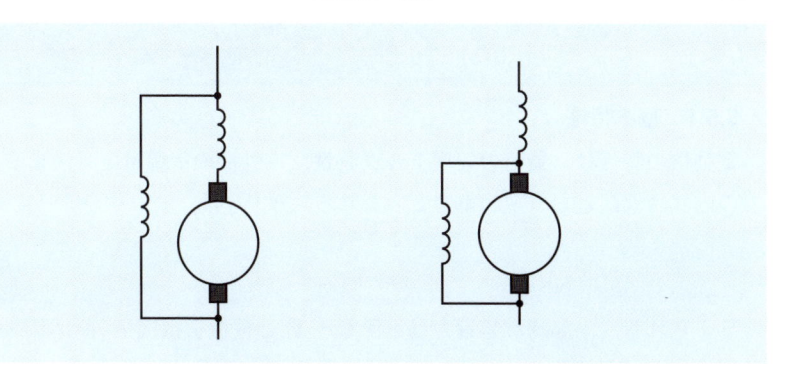

図 5.22　複巻発電機の結線（左：外分巻，右：内分巻）

また，界磁磁束が分巻界磁巻線のつくる磁束と直巻界磁巻線がつくる磁束との和となるか，差となるかで，**和動**複巻発電機か**差動**複巻発電機に区別される．分巻発電機において負荷電流増加に伴い端子電圧が下がるのを抑制するために和動複巻発電機が採用される．一般的に直流発電機といわれるものは，この和動複巻発電機である．

一方，差動複巻発電機は，負荷電流が増加すると，端子電圧が下がる．このことを積極的に利用すれば，端子電圧 × 負荷電流 を一定にすることができる．過負荷能力のない原動機を用いた発電や短絡電流を抑制したい場合の特殊な場合に用いられる．

5.5 直流電動機の特性

5.5.1 基本特性

電動機の特性は，負荷の速度トルク特性，電動機の電源電圧で決まる．電動機の内部誘導起電力（逆起電力といわれる）E [V] は，

$$E = \frac{p}{a} Z \Phi \frac{N}{60} \tag{5.17}$$

で与えられる．内部誘導起電力は電源電圧 V と電機子抵抗 R_a，ブラシの電圧降下 e_b，電機子電流 I_a とで

$$V - E = R_a I_a + e_b \tag{5.18}$$

となる．

これより，回転数 N [min^{-1}] は，

$$N = \frac{60a}{pZ} \cdot \frac{V - R_a I_a - e_b}{\Phi} \tag{5.19}$$

となる．

一方，トルク T [N/m] は，

$$T = \frac{pZ}{2\pi a} \Phi I_a \tag{5.20}$$

で与えられる．

―― 例題 5.4 ――

直流電動機の電機子端子電圧が 100 V で電機子電流が 30 A であった．電機子抵抗を 0.1 Ω として，ブラシによる電圧降下が無視できるとすると，逆起電力はいくらか．

【解答】 逆起電力 = 電機子端子電圧 − 電機子抵抗 による電圧降下は，

$$100 - 30 \times 0.1 = 97 \quad [\text{V}]$$

発電機運転との関係を考える．分巻発電機において図 5.23(a) のように発電機として運転しているとする．発電機運転の回転方向を図 5.23(a) のように仮に決めておく．

5.5 直流電動機の特性

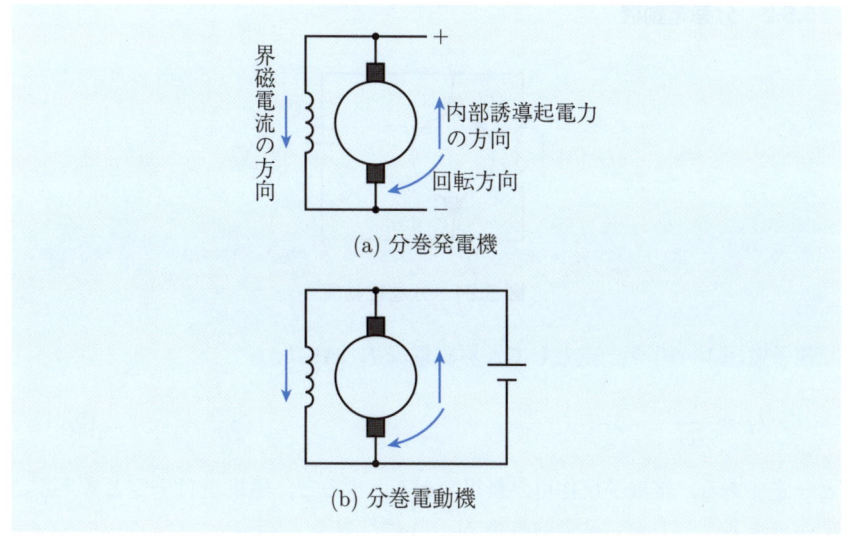

(a) 分巻発電機

(b) 分巻電動機

図 5.23 分巻発電機と分巻電動機

この発電機の状態で，発電電圧と同じ方向の電源を加え，電動機運転とすると，界磁電流の向きは，発電時と同じ，誘導起電力も同方向，回転方向も同じになる（図 5.23(b) 参照）．

このことが，1873 年のウィーンの万国博において直流機が展示され，発電機運転をさせ，発電電力を電池に蓄えていた．発電機の原動機の燃料追加を忘れたが，発電機は回っていた．電動機としての運転をしていたわけであり，電動機が発見されたわけである（"発明" より "発見" のほうが適切である）．

直巻機の場合は，界磁電流の向きが変わり，発電機と電動機は逆回転となる．複巻機の直列界磁巻線の電流方向が逆になることにも注意が必要であるが，後に述べるように，その逆になることが効果となり，発電機と同じ結線で電動機としての運転が可能となる．

次に補極について考える．発電機と同じ回転方向とすると電動機の補極の極性は発電機と逆になることが求められるが，補極は電機子電流と直列接続されているから，発電機運転と逆の極性となる．このことより，発電機運転と同じ結線で電動機として運転できる．

5.5.2 分巻電動機

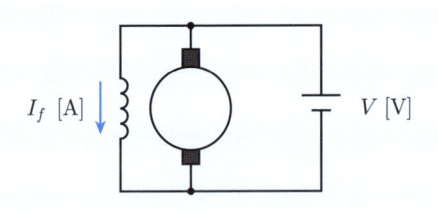

図 5.24 分巻電動機

端子電圧 V [V] が一定として，界磁電流 I_f [A] は，

$$I_f = \frac{V}{R_f} \tag{5.21}$$

と一定である．電機子反作用が無視できるとすると，磁束 Φ は一定と考えることができる．したがって，回転数 N [min^{-1}] は，

$$N = \frac{60a}{pZ} \cdot \frac{V - R_a I_a - e_b}{\Phi} \tag{5.22}$$

となる．これをブラシの電圧降下を無視して図示すると図 5.25 のようになる．電機子電流が大きくなるとその電機子反作用磁束が無視できなくなる場合がある．このとき，図 5.25 の破線で示すように電機子電流増加とともに磁束が低くなり，回転数が増加する場合があるので注意を要する．

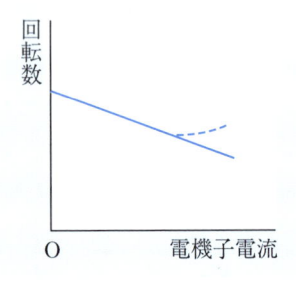

図 5.25 分巻電動機の回転数と電機子電流の関係

5.5 直流電動機の特性

(1) トルクと回転数の関係

トルクは,

$$T = \frac{pZ}{2\pi a}\Phi I_a \tag{5.23}$$

と与えられるから，トルクと電機子電流の関係は，図 5.26 のように直線となる．ただし，電機子電流が大きくなって，電機子反作用が無視できなくなると，磁束が減少し，図 5.26 の破線のようになる．

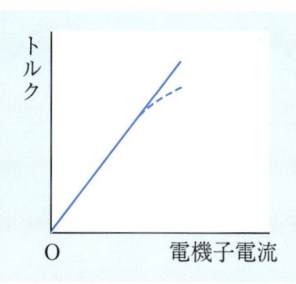

図 5.26 分巻電動機のトルクと電機子電流の関係

(2) 端子電圧と速度の関係

端子電圧を上げると界磁電流も上昇する．トルクを一定とすると，電機子電流が減少する．したがって，端子電圧を上げると速度が増加する．

(3) 出力と回転数

出力 P [W] は

$$P = EI_a \tag{5.24}$$

で表される．電機子電流 I_a [A] は，ブラシの電圧降下を無視すると，

$$I_a = \frac{V - E}{R_a} \tag{5.25}$$

となるので，

$$P = \frac{E(V - E)}{R_a} \tag{5.26}$$

となる．誘導起電力 E [V] は，

$$E = \frac{p}{a}Z\Phi\frac{N}{60} \equiv kN \quad (k \text{ は比例定数}) \tag{5.27}$$

となるので，

$$P = \frac{kN(V - kN)}{R_a} \tag{5.28}$$

となる．これを図示すると図 5.27 のようになる．

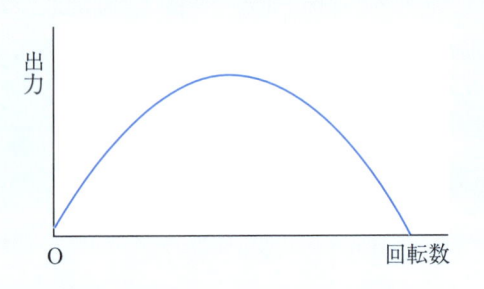

図 5.27 分巻電動機の出力と回転数

5.5.3 直巻電動機

直巻電動機は図 5.28 のように結線される．

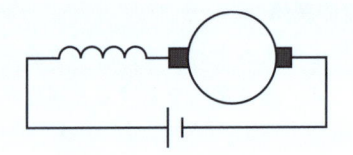

図 5.28 直巻電動機の結線

電機子電流，界磁電流，端子電圧の関係は，

$$I_a = I_f \tag{5.29}$$

$$V - E = (R_a + R_f)I_a \tag{5.30}$$

となる．また磁束は，飽和領域以外では，界磁電流に比例するので，

$$\Phi = kI_f = kI_a \quad (k は比例定数) \tag{5.31}$$

となる．界磁電流（電機子電流）が増加し，飽和領域になると，

$$\Phi = 一定 \tag{5.32}$$

5.5 直流電動機の特性

となる．

(1) 電流と回転数

ブラシによる電圧降下を無視して，

$$N = \frac{60a}{pZ} \cdot \frac{V - (R_a + R_f)I_a}{\Phi}$$
$$= \frac{60a}{pZ} \cdot \frac{V - (R_a + R_f)I_a}{kI_a} \tag{5.33}$$

となる関係が得られる．磁束が飽和しない領域では，電機子電流が増加すると上式の分子は小さくなり，分母が大きくなるため，速度は急速に低くなる．界磁電流が大きくなり，磁束が飽和すると，速度は直線的に低くなる．電機子電流が非常に小さいと速度は非常に大きくなる．機械損や残留磁束があるため速度は制限されるので，速度が無限大になることはないが非常に危険である．常に負荷を持った状態で運転しなければならない．

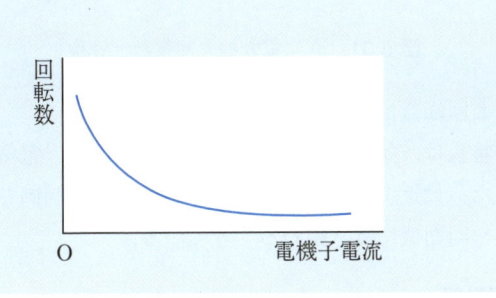

図 5.29 直巻電動機の回転数と電機子電流

(2) 電流とトルク

界磁電流と電機子電流が同じなので，磁束が飽和しなければ，トルク T [Nm] は，

$$T \propto I_a^2 \tag{5.34}$$

磁束が飽和すると，

$$T \propto \Phi_0 I_a \tag{5.35}$$

となる．この特性を図示したのが，図 5.30 である．

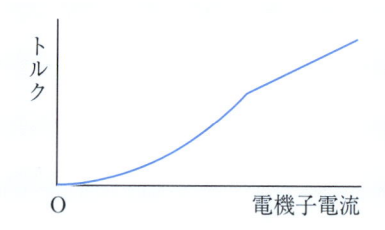

図 5.30 直巻電動機のトルクと電機子電流の関係

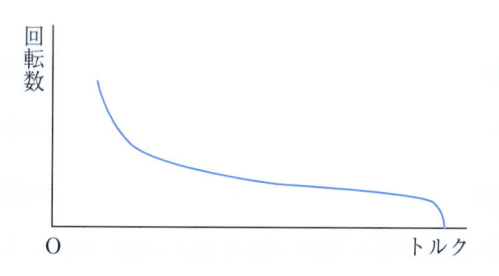

図 5.31 直巻電動機の回転数と速度

また，トルクと回転数は，図 5.31 のようになる．

直巻電動機の特長は，始動トルクが大きいことであり，電気鉄道や起重機などに使われてきた．最近では，同様の特性を持つように制御されるベクトル制御を行う誘導機や同期機に置き換わってきている．

5.5.4 複巻電動機

複巻電動機は，複巻発電機と同じ構造（結線）であり，和動複巻電動機と差動複巻電動機がある．和動複巻電動機が次のような目的で使用されるのに対して，差動複巻電動機は，ほとんど使用されない．

和動複巻電動機のうち，分巻界磁を主界磁として用いる場合は，直巻界磁は電機子反作用磁束（減磁作用）を打ち消すために用いられる．これを安定直巻界磁付き分巻電動機ともいう．

もう1つは，直巻界磁を主界磁として用い，電機子電流が非常に小さいときに速度が非常に大きくなることをさける目的で分巻界磁が使用される．これを速度限定分巻界磁付き直巻電動機という．

5.6 直流機の損失・効率

5.6.1 損失

電気回転機器の損失は，すでに 4 章の同期機で述べたように，固定損として，無負荷鉄損，機械損，負荷損として，巻線銅損があり，界磁巻線の巻線抵抗損，漂遊負荷損がある．それに加え，直流機にはブラシの電気損，直巻界磁抵抗損，補極や補償巻線の抵抗損が負荷損に加わる．

巻線の抵抗損は，巻線の抵抗を測定することで見積もることができる．抵抗測定は，直流電源で行う．ここで得られた抵抗は直流抵抗である．直流機に流れる電流は正確には脈流であり，交流抵抗を使用することが望ましいが，測定が困難であるため，測定した直流抵抗から換算した値を使用することがある．

無負荷損は，下記の示すような測定方法がある．

無負荷損の測定方法

- 界磁巻線と電機子巻線を切り離し，それぞれ別電源を接続する．無負荷運転を行う．界磁電流を変化させ，回転数を一定に保つように電機子電流を変化させる．このときの実験結果は図 5.32 のようになる．
- 固定損は，電機子の入力から電機子銅損をひいたもの，内部誘導起電力は，界磁電流に比例する．
- 測定結果から，内部誘導起電力が零の場合を外挿し，それが機械損となる．
- 固定損から算出した機械損を差し引いたものを無負荷鉄損とする．

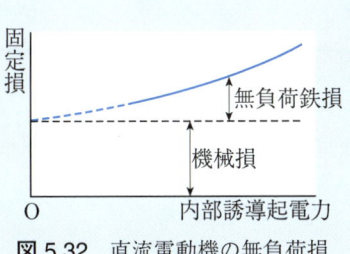

図 5.32 直流電動機の無負荷損

5.6.2 効率の算定

効率は出力／入力で定義される．電気的な諸量が測定しやすいため，電気的諸量で効率を算定する．すなわち，次式のようになる．

$$\text{発電機の効率：効率} = \frac{(電気)\ 出力}{(機械)\ 入力} = \frac{(電気)\ 出力}{(電気)\ 出力 + 損失}$$

$$\text{電動機の効率：効率} = \frac{(機械)\ 出力}{(電気)\ 入力} = \frac{(電気)\ 入力 - 損失}{(電気)\ 入力}$$

5.7 直流電動機の始動と速度制御

5.7.1 始動

停止している電動機では,内部誘導起電力が零であるため,適当な始動を行わないと電機子巻線に過大な電流が流れる.そこで,始動時に電流を制限することが必要である.簡単な方法は,電機子巻線と直列に可変抵抗を接続し,回転がはじまり,内部誘導起電力が上昇するのに合わせて抵抗の抵抗値を減らす方法である.また,可変電源を用いて,徐々に電圧を上昇させる方法もある.

5.7.2 速度制御

直流電動機の特長は,速度制御が同期機や後に述べる誘導機に比べて簡単であることから広く利用されてきた.すでに述べたように回転速度は,

$$N = \frac{60a}{pZ} \cdot \frac{V - R_a I_a}{\Phi} \tag{5.36}$$

となるから,電機子電圧 V,電機子抵抗 R_a,界磁磁束 Φ(すなわち界磁電流 I_f)を変えればよい.ただし,負荷を回転させるトルク($\propto \Phi I_a$)を忘れてはいけない.

直流電動機の速度制御

- 界磁調整法:界磁磁束を減少させると速度は増す.そのための電源容量が小さく簡単である.電機子反作用の影響を受けやすく不安定になること,界磁巻線電圧を変えてもそのインダクタンスのため電流変化が遅いなどの欠点がある.
- 電機子回路抵抗制御:速度調整が細かくできるが,損失が増加し,余り採用されない.
- 電圧制御:直流電源が安価で簡単に入手できるので,この方法が速度制御の主力である.かつて,直流発電機の界磁制御による直流電源を用いた方法をワードレオナードと称したことから,半導体直流電源を用いたものを静止レオナードと称している.

5.7.3 電動機の制動

電動機の制動には,電気制動がある.しかし,電機機械の特長は,回転エネ

ルギーを電気エネルギーに変換でき,それを電源に返すことができ,省エネルギーがはかられることにある.これを回生制動という.発電機と電動機運転の比較で述べたように,分巻機では,電源電圧を誘導起電力より低くすることで,回生制動ができる.直巻機では,界磁巻線の接続を逆にすることが必要である.

> ### 💭 回生制動
>
> 　同期機も直流機も同じものが発電機として運転できるし,電動機として運転できる.誘導機も上とは少し様子は違うが,電動機とした運転と発電機とした運転ができる.回転体の回転エネルギーを電気エネルギーに変換し,回転体のエネルギーを減少させるのが回生制動である.省エネルギーに貢献する.ハイブリッド車の燃費向上の一つの理由である.電車の効率のよさもここにある.回生制動ではないが,積極的にこの回転エネルギーと電気エネルギーの変換を用いたものがフライホイールエネルギー貯蔵である.すなわち,電動機でフライホイールを回転させ(電気エネルギーの吸収),またフライホイールの回転エネルギーを電気エネルギーに変換(電気エネルギーの発生)し,エネルギー貯蔵装置となる.

5章の問題

□**1** 抵抗負荷に I [A] を流したとき，端子電圧が V [V] となる外分巻複巻発電機がある．電機子抵抗，直巻界磁抵抗，分巻界磁抵抗をそれぞれ，R_a [Ω], R_{f1} [Ω], R_{f2} [Ω] とする．電機子電流と内部誘導起電力はいくらか．ただし，電機子反作用は無視できるとし，ブラシによる電圧降下は合わせて e_b [V] とする．

□**2** 界磁抵抗 R_f [Ω], 電機子抵抗 R_a [Ω], V_r [V] の分巻電動機がある．1000 [min^{-1}] で無負荷運転をしている．そのときの電流は I_{a0} [A] であった．この発電機で負荷電流が I_a [A] の負荷運転を行った．電機子反作用とブラシの電圧降下を無視し，固定損は回転数に関係しないとして，次の問に答えよ．
 (1) 無負荷運転における逆起電力を求めよ．
 (2) 固定損を求めよ．
 (3) 負荷運転時の逆起電力を求めよ．
 (4) 負荷運転時の回転数を求めよ．
 (5) 負荷時の出力を求めよ．
 (6) 負荷時の効率を求めよ．
 (7) 負荷時のトルクはいくらか．

□**3** 電機子抵抗 R_a [Ω], 界磁抵抗 R_f [Ω], ブラシの電圧降下が e_b [V] の分巻機がある．これを発電機として運転すると，回転数 N_g [min^{-1}], V [V] で I [A] の出力を出す．これを電動機として用い，V [V] の電源に接続して，電源電流が I [A] となる負荷にかけたとする．
 (1) 発電機運転のときの内部誘導起電力はいくらか．
 (2) 電動機運転のときの逆起電力はいくらか．
 (3) 電動機運転のときの回転速度はいくらか．

□**4** 直巻電動機があり，トルクが一定の負荷に接続されている．この直巻電動機に電圧 V [V] をかけて運転したところ，回転数は N [min^{-1}] であった（この運転を運転 0 とする）．この直巻電動機に電圧 V_1 [V] をかけたとき（この運転を運転 I とする）の回転数を計算で求めてみる．そのために，界磁巻線を切り離し，電動機を他励発電機として，無負荷運転をした．励磁電流をこの直巻電動機に電圧 [V] をかけたときと同じにして，回転数を N_0 [min^{-1}] としたところ，誘導起電力が V_0 [V] となった．電機子反作用が無視できるとして，次の問に答えよ（ここまでで示した諸量を与えられた諸量ということにする）．

5 章の問題

(1) 運転 0 のときの逆起電力を与えられた諸量で示せ．
(2) 運転 0 のときの電機子電流を I [A] として，界磁抵抗と電機子抵抗の和を求めよ．
(3) 運転 I のときの電機子電流を I_1 [A]，回転数を N_1 [min^{-1}] として，逆起電力を求めよ．
(4) トルク一定の条件を式で表せ．
(5) I_1 [A] を与えられた諸量と I [A], N_1 [min^{-1}] を用いて示せ．
(6) 回転数 N_1 [min^{-1}] を与えられた諸量で示せ．

6 誘導機

　誘導電動機は，構造が簡単で堅牢であるため最も使用されている電動機である．交流で駆動され，従来は速度制御等複雑な運転以外の用途に使用されてきた．近年，誘導電動機の特性把握が進んだことに加え，パワーエレクトロニクスの進歩による可変周波数交流電源が容易に得られることなどから，電車用など速度制御等を含む複雑な運転にも使用されてきている．ここでは，その原理，特性について述べる．

> **6章で学ぶ概念・キーワード**
> - 1次巻線
> - 2次巻線
> - かご形回転子
> - 巻線形回転子
> - 2次入力
> - すべり

第6章 誘導機

6.1 はじめに

ここでは，主として三相誘導電動機を考えることにする．固定子に三相巻線を施し，回転子に短絡導体をおく．固定子の三相巻線に三相電流を流すことにより，回転磁界が発生することは述べた．その回転磁界が回転子の導体に電流を誘導する．この回転子の電流と固定子の磁界によりトルクが発生する．この原理で回転する．このため，**誘導電動機**という．

誘導電動機の発見は，アラゴの円板と呼ばれるものである．それは図 6.1(a) 図のように導体円板に沿って磁石を回すとそれに追従して円板が回転するものである．この現象を図 6.1(b) で考えてみる．平面導体の下に磁石を置き，それを右方向へ移動させる．レンツの法則で導体内に図 6.1(b) のような起電力が発生する．そのために電流が同じ方向に流れる．その電流がある間に磁石の磁束と電流で電磁力が発生する．その方向は磁石の進む方向となる．この運動に関しては，3章で述べているので参照されたい．

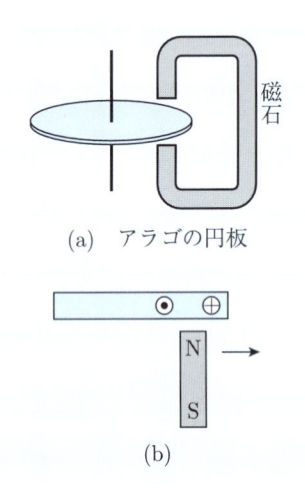

(a) アラゴの円板

(b)

図 6.1 誘導電動機の回転原理図

6.2 構　　造

前節に述べたように磁石の運動に伴い，それに追従して導体が動く．磁石の運動を回転磁界で，導体を回転子に持つ構造となる．

固定子は，回転磁界ができるように，同期機と同様なものとなる．

回転子は，導体であればよいわけであるから，円筒導体のものもあるが，機械的に弱いため，かご形と呼ばれる回転子と巻線形と呼ばれるタイプがある．

かご形回転子は，溝のある回転子の溝に導体棒をおき，それを両端で短絡した構造である．図 6.2 は，導体のみを取り出した模式図である．かごの形をしているのでかご形誘導電動機と呼ばれる．

巻線形回転子は，同じく溝を施した回転子に固定子と同様な巻線を施し，その端子をスリップリングとブラシを介して，静止部に伝える結線を持つ．後に述べる速度制御などに使用される．

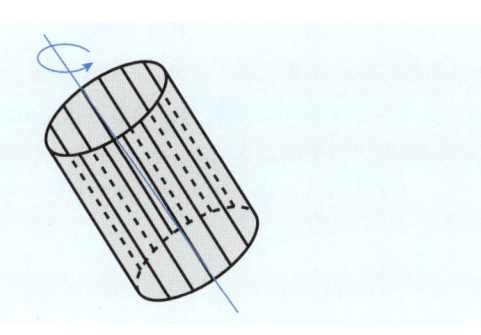

図 6.2　かご形回転子の模式図

写真 6.1　TMT9 形主電動機（N700 系新幹線電車用）．電気鉄道車両駆動用のかご形誘導電動機の例［写真提供：東海旅客鉄道株式会社］

6.3 基本動作と等価回路

 固定子により，空隙内に回転磁界を発生する．回転子には，その誘導電流が流れ，それと回転磁界によりトルクが発生する．回転子は，巻線形とかご形があり，その誘導電流を算定するのに違いがあるように見えるが，かご形も等価的に巻線形と同様に考えることができることが知られており，ここで，巻線形を基本に考察を進める．また，同期機や直流機のように電磁気学を基本とした説明ではなく，電気回路を中心とした説明となっている．これは，誘導電流に関して電磁気学での説明は複雑になるからである．

 固定子巻線を **1 次巻線**，回転子巻線を **2 次巻線**と呼ぶことが多いので，今後はこの名称を用いて説明をする．

 1 次巻線に加える三相交流は，対称三相交流として考える．また，誘導機の巻線構造も三相平衡につくられているとする．そのため，1 相分で考えても差し支えない．ここで，1 相分についての考察をする．

 まず，回転数について考える．誘導機の回転原理からわかるように，回転磁界と同じ回転数で回転すると 2 次巻線に誘導電流は流れない．したがって，誘導電動機は，回転磁界の速度より遅い．回転磁界の回転数は同期速度 N_s [min^{-1}] であり，それは 1 次巻線に加える交流の周波数 f と誘導機の極数 $2p$（p は極対数）とで，

$$N_s = \frac{60f}{p} \ [\text{min}^{-1}] \tag{6.1}$$

となる．誘導電動機の回転速度を N [min^{-1}] とする．これを用いて，

$$s = \frac{N_s - N}{N_s} \tag{6.2}$$

なる s を定義する．この s を**すべり** (slip) と呼び，誘導電動機特有のものである．定義から $s = 1$ は，回転子が静止していることを示し，$s = 0$ は，同期回転をしていることを示す．

 $s = 1$ つまり回転子が静止しているときを考える．1 次巻線と 2 次巻線は変圧器のように磁束を共有しているの，その磁束を $\phi = \phi_m \sin 2\pi ft$ とすると，1 次巻線，2 次巻線の電圧の実効値は，それぞれ

6.3 基本動作と等価回路

$$\begin{cases} E_1 = \sqrt{2}\pi f k_{w1} n_1 \phi_m, \\ E_{20} = \sqrt{2}\pi f k_{w2} n_2 \phi_m \end{cases} \tag{6.3}$$

となる．ただし，$n_i\ (i=1,2)$ は，1 次，2 次巻線の巻数，f は周波数であり，$k_{wi}\ (i=1,2)$ は 1 次，2 次巻線の巻線係数である．変圧器との違いは，電圧を表す式にそれぞれの巻線係数が関係するところである．したがって，変圧器で述べた巻線比 a は

$$a = \frac{k_{w1} n_1}{k_{w2} n_2} \tag{6.4}$$

と表される．したがって，静止時の誘導機の 1 相分の等価回路は，単相の変圧器の 2 次側短絡時の等価回路と同様になり，図 6.3 のようになる．ただし，r_1，x_1 は 1 次側の抵抗と漏れリアクタンスである．

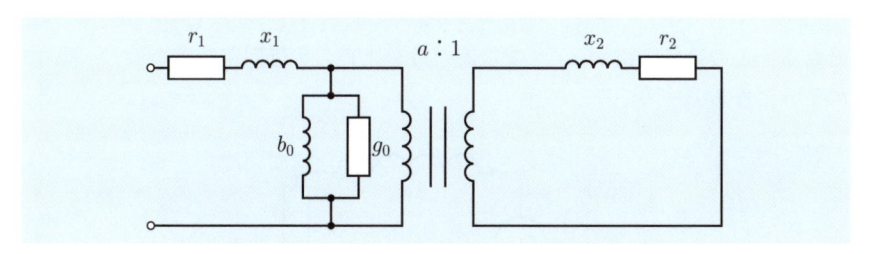

図 6.3 静止時の誘導電動機 1 相分等価回路

次に，すべり s で回転している場合を考える．回転磁界の回転数は $N_s\ [\mathrm{min}^{-1}]$ であり，回転子の回転数は，$(1-s)N_s\ [\mathrm{min}^{-1}]$ であるから，その相対速度から 2 次コイルに鎖交する磁束の周波数は sf となるので，その磁束は，

$$\phi = \phi_m \sin 2\pi s f t \tag{6.5}$$

と表される．したがって，2 次巻線の電圧の実効値 $E_{2s}\ [\mathrm{V}]$ は，

$$E_{2s} = \sqrt{2}\pi s f k_{w2} n_2 \phi_m = s E_{20} \tag{6.6}$$

となる．

2 次巻線は短絡されているとする（かご形回転子は短絡されている．巻線形回転子は端子で短絡されているとする．外部回路が接続されている場合があるが，その場合に関しては後に考察する）．そうすると，2 次回路は，2 次巻線の抵抗と漏れ磁束を表すインダクタンスからなる回路となり，その起電力は上式

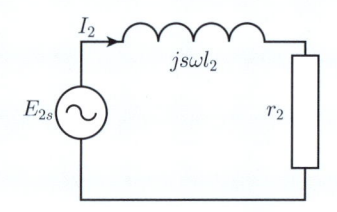

図 6.4　すべり s で回転している誘導電動機の 2 次側等価回路

で与えられるので，2 次側の等価回路は，図 6.4 のようになる．

ただし，r_2, l_2 は，2 次回路の抵抗と漏れインダクタンスである．**2 次電流**は，

$$\dot{I}_2 = \frac{E_{2s}}{r_2 + js\omega l_2} = \frac{sE_{20}}{r_2 + js\omega l_2} = \frac{E_{20}}{\dfrac{r_2}{s} + j\omega l_2} \tag{6.7}$$

となる．この等価回路から，2 次電流だけを求める等価回路を求めると，図 6.5 のようになる．

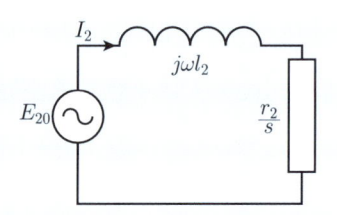

図 6.5　2 次電流を求める等価回路

この回路は，繰り返しになるが 2 次電流を求めるためにある．2 次抵抗による損失は，

$$r_2 I_2^2$$

となる．しかるに，この等価回路においての計算では，

$$\frac{r_2}{s} I_2^2$$

なるエネルギーが消費されたことになる．この差

$$\frac{1-s}{s} I_2^2$$

は，誘導機の機械出力 P_m [W] を表していることになる．

2次側での消費電力を2次入力 P_2 [W] という．2次銅損を P_{L2} [W] と表すと，

$$P_2 : P_m : P_{L2} = 1 : (1-s) : s \tag{6.8}$$

なる関係がある．例えば，出力とそのときのすべりがわかれば，2次銅損がわかることになる．

例題 6.1

すべり 0.02 で回転している誘導電動機の出力は，60 kW であった．2次銅損はいくらか．

【解答】 式 (6.8) より，2次銅損は，

$$\begin{aligned} P_{L2} &= \frac{s}{1-s} P_m \\ &= \frac{0.02}{1-0.02} \times 60 \\ &\simeq 1.22 \end{aligned}$$

より，1.22 kW ∎

1相当たりの2次入力とトルクの関係を考える．同期回転数を N_s [min^{-1}] とすると誘導機のすべり s の回転数 N [min^{-1}] は，$N = (1-s)N_s$ となる．これより，誘導機の角速度 ω は $\dfrac{2\pi(1-s)N_s}{60}$ [rad/s] となる．1相当たりの機械出力は，

$$P_m = \frac{1-s}{s} r_2 I_2^2 \tag{6.9}$$

であるので，トルク T [Nm] は，

$$\begin{aligned} T &= \frac{60}{2\pi(1-s)N_s} \frac{1-s}{s} r_2 I_2^2 \\ &= \frac{60}{2\pi N_s} \frac{r_2 I_2^2}{s} \\ &= \text{定数} \times P_2 \end{aligned} \tag{6.10}$$

となり，2次入力とトルクが比例することになる．誘導機においてトルクを考えるときに，2次入力で考えることが多い．また，2次入力を同期ワットという．

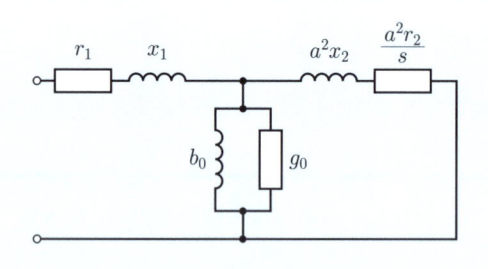

図 6.6 誘導機の等価回路（1 相分）

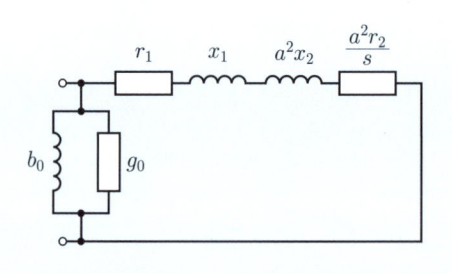

図 6.7 誘導機の簡易等価回路（L 形等価回路）
（1 相分）

　2 次側の等価回路を用いて，誘導機の等価回路を変圧器と同様に 2 次側諸量を 1 次側に変換した等価回路は図 6.6 のようになる．これを誘導機の T 形等価回路という．また，変圧器において簡易等価回路を考えたことと同様に励磁回路を 1 次端子に移動させた L 形等価回路を考えることができる（図 6.7）．

　当然 T 形等価回路は，L 形等価回路より正確である．しかし，厳密にいえばその回路定数も運転状態などで変化することを考えると，まずまずの等価回路である．誘導機の概略的な特性を知るためには，計算の便利な L 形等価回路を用いることが多い．そこで，これからの議論は L 形等価回路を用いることにする．

6.4 等価回路の定数測定

等価回路が求まったので，その定数を測定することを考える．

6.4.1 抵抗測定

三相端子の 2 端子間の 1 次巻線抵抗を直流で測定する．1 相分の抵抗は，測定値の 1/2 である．この測定値から温度補正を行い，1 次巻線 1 相分の抵抗とする．

変圧器の定数測定において，抵抗測定はそれほど重要ではない．誘導機においては，2 次抵抗が特性の重要な要素である．2 次抵抗は測定が難しい（特にかご形回転子において）．そこで，測定が容易な 1 次抵抗を測定し，2 次抵抗を求めることを行っている．

6.4.2 励磁回路の定数測定と機械損

誘導電動機を無負荷で運転する．電圧，電流，電力を測定する．電力の測定値は，鉄損と機械損を含む．機械損と鉄損の分離は，供給電圧を変化させ，そのときの電力測定で次のような曲線が得られるので，外挿により機械損を求める．無負荷時の入力電力と供給電圧（1 次電圧）との関係を示したグラフを図 6.8 に示す．

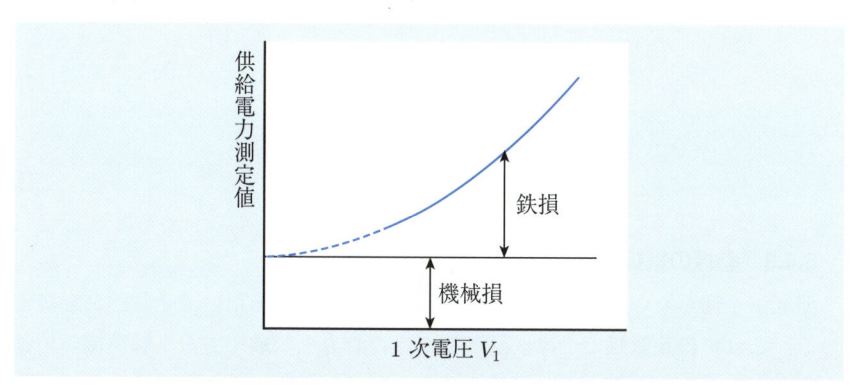

図 6.8 無負荷運転時の入力電力と電力の関係

電力測定値の内の鉄損相当分の 1/3 が 1 相当たりの鉄損を表す．これを P_0 [W] とする．また相電流を I_0 [A]，相電圧を V_0 [V] とする（測定時には線間電

圧を測定する場合が多いので，星形相電圧に変換することが必要である）．

以上のことから，励磁回路の定数は，

$$\begin{cases} g_0 = \dfrac{P_0}{V_0^2}, \\ b_0 = \sqrt{\left(\dfrac{I_0}{V_0}\right)^2 - g_0^2} \end{cases} \tag{6.11}$$

と求まる．

例題 6.2

1次線間電圧 V_l が 200 V，1次電流 I_0 が 5.60 A，電力計の指示値 P が 224 W，機械損 P_m が 12.8 W と測定された．励磁のアドミタンスを求めよ．

【解答】 $g_0 = \dfrac{P - P_m}{3} \dfrac{1}{\left(\dfrac{V_l}{\sqrt{3}}\right)^2}$

$= \dfrac{211.2}{200^2} = 5.28 \times 10^{-3}$ [S]

$b_0 = \sqrt{\left(\dfrac{I_0}{\dfrac{V_l}{\sqrt{3}}}\right)^2 - g_0^2}$

$= \sqrt{\dfrac{3 I_0^2}{V_l^2} - g_0^2}$

$= \sqrt{2.352 \times 10^{-3} - 2.78784 \times 10^{-5}}$

$\simeq 4.82 \times 10^{-2}$ [S]

6.4.3 巻線の抵抗と漏れリアクタンスの測定

回転子を回らない状態で，電力計，電圧計，電流計を用いてそれぞれを測定する．これを**拘束試験**という．誘導機だけの特有な試験である．誘導機の始動トルクが小さいことが，この試験を可能にしているといえる（直流電動機，特に直流直巻電動機では，拘束試験はあり得ない）．また，この測定時には，定格よりはるかに低い電圧を用いる．

測定された電力，電圧，電流には，励磁回路を含めた値となっているが，励

6.4 等価回路の定数測定

磁回路のインピーダンスに比較して，巻線抵抗と漏れリアクタンスからなる直列回路のインピーダンスは低いので，励磁回路の影響は無視して考える．1 相分の電力を P_s [W]，星形相電圧を V_s [W]，線電流を I_s [A] として，1 次側に換算された抵抗，リアクタンスが次のように求まる．

$$r = r_1 + a^2 r_2 = \frac{P_s}{I_s^2},$$
$$x = x_1 + a^2 x_2 = \sqrt{\left(\frac{V_s}{I_s}\right)^2 - r^2} \tag{6.12}$$

例題 6.3

拘束試験の結果を下記に示す．巻線抵抗，漏れリアクタンスを求めよ．
ただし，電圧 V_l は 30.6 V，1 次電流 I_s は 11.7 A，電力計の指示値 P は 461 W．

【解答】
$$r = \frac{\frac{P}{3}}{I_s^2}$$
$$= \frac{461}{3 \times 11.7^2}$$
$$\simeq 1.12 \quad [\Omega]$$

$$x = \sqrt{\left(\frac{V_l}{\sqrt{3} I_s}\right)^2 - r^2}$$
$$= \sqrt{\frac{1}{3}\left(\frac{30.6}{11.7}\right)^2 - 1.12^2}$$
$$= \sqrt{2.2800 - 1.2544}$$
$$\simeq 1.01 \quad [\Omega]$$

6.5 誘導電動機の特性

6.5.1 速度トルク特性

トルクと 2 次入力の関係から，1 相当たりのトルクは，ω_s を同期回転角速度とすると，等価回路より，

$$
\begin{aligned}
T &= \frac{P_2}{\omega_s} \\
&= \frac{1}{\omega_s} \frac{V_1^2 r_2'}{s\left[\left(r_1 + \dfrac{r_2'}{s}\right)^2 + (x_1 + x_2')^2\right]}
\end{aligned}
\tag{6.13}
$$

と与えられる．最大トルクを与えるすべり s_m は，電気回路で学んだ最大電力となる条件

$$
\frac{r_2'}{s} = \sqrt{r_1^2 + (x_1 + x_2')^2}
\tag{6.14}
$$

より，

$$
s_m = \frac{r_2'}{\sqrt{r_1^2 + (x_1 + x_2')^2}}
\tag{6.15}
$$

となり，そのときの 2 次入力 P_{2m} は，

$$
P_{2m} = \frac{V_1^2}{2\left[r_1 + \sqrt{r_1^2 + (x_1 + x_2')^2}\right]}
\tag{6.16}
$$

となる．

式 (6.14) より，2 次抵抗と最大トルクを与えるすべりは比例関係にあること

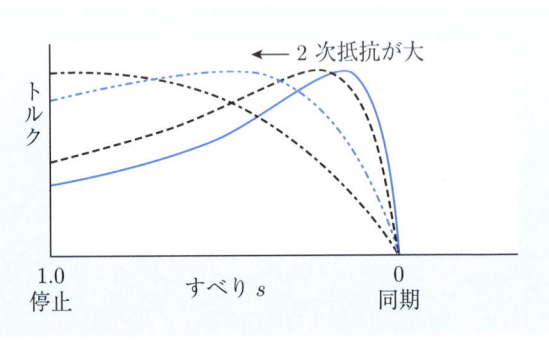

図 6.9 速度（すべり）トルク特性（2 次抵抗の影響）

がわかる．このことを比例推移という．また，最大トルクは，1次抵抗，1次漏れリアクタンス，2次漏れリアクタンスのみで決められる．

速度トルク特性（すべりトルク特性）の1例を図6.9に示す．

図6.9の実線は，ある誘導電動機の定数を用いて計算したものである．抵抗をわずかに増すと破線のような特性となる．二点鎖線はすべりが0.5でトルクが最大になるように2次抵抗を変えたものであり，一点鎖線は，始動時にトルクが最大になるように2次抵抗を変えたものである．

例題 6.4

1相分の2次抵抗が $0.14\,\Omega$ である誘導電動機の最大トルクが発生するときのすべりが0.16であった．始動時に最大トルクを得るために2次側に追加する1相当たりの抵抗はいくらか．

【解答】 式(6.14)より，

$$\frac{a^2 r_2}{s} = \sqrt{r_1^2 + (x_1 + x_2')^2}$$
$$= 一定$$

より，始動時に最大トルクを得る2次抵抗を $r_{2s}\,[\Omega]$ とすると，

$$\frac{r_{2s}}{1} = \frac{r_2}{s}$$
$$= \frac{0.14}{0.16}$$
$$= 0.875$$

となり，追加する抵抗は，

$$0.875 - 0.14 = 0.735 \quad [\Omega]$$

となる．

6.5.2 出力速度特性

等価回路より，1相分の出力 P_m は，入力電圧 V_1 として，

$$P_m = \frac{(1-s)r_2'}{s} \cdot \frac{V_1^2}{\left(r_1 + \frac{r_2'}{s}\right)^2 + (x_1 + x_2')^2}$$
$$= \frac{(1-s)sr_2'V_1^2}{(sr_1 + r_2')^2 + s^2(x_1 + x_2')^2} \tag{6.17}$$

となる．最大出力となるすべり s_M は，電気回路における最大電力を求める問題であり，

$$\sqrt{(r_1+r_2')^2+(x_1+x_2')^2} = \frac{1-s_M}{s_M}r_2' \tag{6.18}$$

が得られ，これより，

$$S_M = \frac{r_2'}{r_2'+\sqrt{(r_1+r_2')^2+(x_1+x_2')^2}} \tag{6.19}$$

となる．出力の最大値は，

$$P_M = \frac{V_1^2}{2\left[(r_1+r_2')+\sqrt{(r_1+r_2')^2+(x_1+x_2)^2}\right]} \tag{6.20}$$

となる．

6.5.3 損失と効率

損失は，5章までの電気機器と同様に，無負荷損，負荷損に分けられる．無負荷損には，鉄損（励磁損），機械損があり，負荷損には，銅損（巻線の抵抗損），漂遊負荷損がある．

効率は，5章までの電気機器と同様に，

$$\begin{aligned}効率 &= \frac{出力}{入力} \\ &= \frac{出力}{出力+損失} \\ &= \frac{入力-損失}{入力}\end{aligned}$$

で計算する．

6.6 円線図

　誘導機の運転を視覚的に理解するために，**円線図**が用いられてきた．最近は計算が楽になり，円線図の必要性が失われた感があるが，式を用いずに簡単に特性が理解できることから，その有用性は残っていると考える．この円線図の作成法と円線図からわかる特性について述べる．円線図は電気回路で学習する**ベクトル（フェーザ）軌跡**の応用である．

　ベクトル（フェーザ）軌跡の描き方を付録に載せてあるので参考にされたい．

6.6.1 円線図の作成法

　誘導電動機の等価回路は，図 6.7 に示されている．定電圧で運転したときのすべりと 1 次電流の関係を示すことにする（電気回路で学んだベクトル軌跡（フェーザ軌跡）と同じものである）．

　1 次側に換算された 2 次電流は，

$$I'_2 = \frac{V}{r_1 + \dfrac{r'_2}{s} + j(x_1 + x'_2)} \tag{6.21}$$

となるので，まず

$$r_1 + \frac{r'_2}{s} + j(x_1 + x'_2)$$

のベクトル軌跡を求めると，図 6.10 の直線となる．この反転を求めると，図 6.10 の太波線の円となる．円の直径は，$\dfrac{1}{x_1 + x'_2}$ である．すべりと s の対応は細線で示している．この円を V 倍すると，1 次側に換算された 2 次電流とな

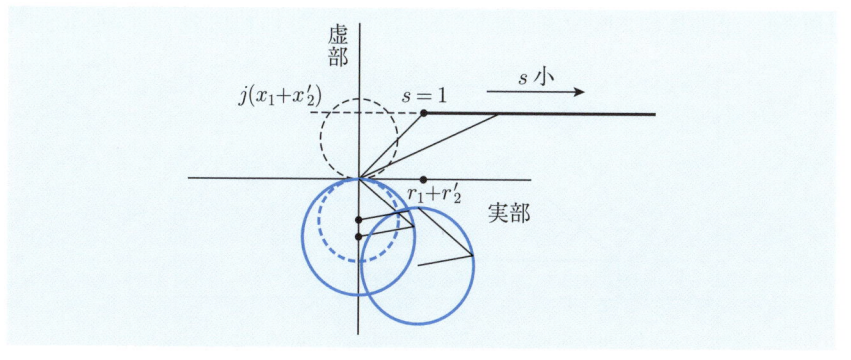

図 6.10　1 次側に換算された 2 次電流のベクトル軌跡

る．それを太線で示している．これに励磁回路の電流 $(g - jb)V$ を加えて（平行移動させて），1次電流のベクトル軌跡が得られる．

　誘導電動機の円線図は，縦軸が実部となるように描く．したがって，電気回路で得られたベクトル軌跡を左に 90 度回転させたものとなる．それを図 6.11 に示す．わかりやすくするために図 6.10 に対して，大きさを変えている．無負荷特性試験結果と拘束試験結果を用いて図 6.11 のように円線図が求められる．

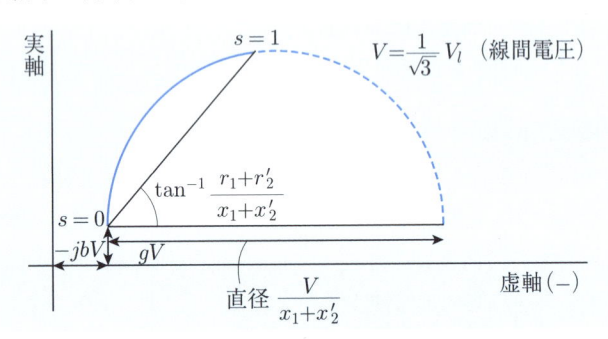

図 6.11 無負荷特性試験と拘束試験を用いた円線図の作成

例題 6.5

定格電圧 200 V の誘導電動機を用いた実験結果から，以下の定数を得た．これを用いて円線図を描け．

$$g = 5.28 \times 10^{-3} \text{ [S]}, \quad b = 4.82 \times 10^{-2} \text{ [S]},$$
$$r_1 = 0.457 \text{ [}\Omega\text{]}, \quad r'_2 = 0.648 \text{ [}\Omega\text{]}, \quad x_1 + x'_2 = 1.34 \text{ [}\Omega\text{]}$$

【解答】 相電圧は $200/\sqrt{3}$ であることに注意して，図 6.12 のようになる．■

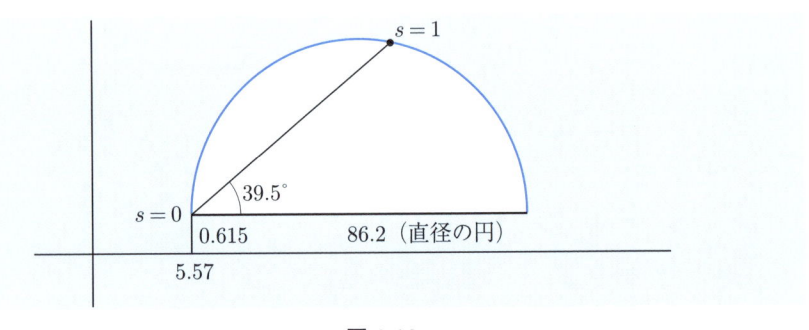

図 6.12

6.6.2 円線図から知る誘導電動機の特性

円線図から誘導機の特性が得られる．視覚的に理解しやすいものである．これについて考える．

図 6.13 の中の記号を次のように定義する．
① O：原点
② S：拘束時の運転点
③ N：無負荷運転点
④ P：すべり s の運転点

これより，図 6.13 の線分が諸量を与えることになる．すべり s での運転における 1 次電流 I_1：$\overline{\text{OP}}$，1 次換算された 2 次電流 I_2'：$\overline{\text{NP}}$，励磁電流 I_0：$\overline{\text{ON}}$ で与えられる．

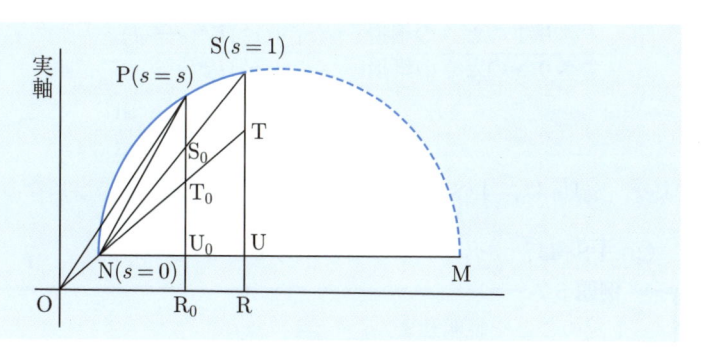

図 6.13 円線図から読み取れる誘導電動機の特性

すべりが小さくなるにつれて，力率がよくなっていることが視覚的にわかる．

S から横軸に垂線を下ろし，横軸との交点を R，直径との交点を U とする．同様に P から横軸に垂線を下ろし，横軸との交点を R_0，直径との交点を U_0 とする．NS と PR_0 の交点を S_0 とする．

誘導電動機の入力電圧を一定として，扱っており，その電圧の方向が実軸と平行であるから，すべり $s = 1$ のときは，出力が 0 であるから，図の線分 $\overline{\text{SR}}$ は，拘束時の損失を表している．そのうち $\overline{\text{SU}}$ は銅損を表している．

① $\overline{S_0U_0}$ は，すべり s のときの銅損と表している．

例題 6.6

上記のことを説明せよ．

【解答】　円線図の円の直径が $\overline{NM}$ となる点を M とする．$\triangle$NMP と $\triangle$PNU_0 は相似であるので，

$$\overline{NM} : \overline{NP} = \overline{NP} : \overline{NU_0} \quad \rightarrow \quad \overline{NP}^2 = \overline{NM} \cdot \overline{NU_0}$$

（すべり s のときの $I_2'^2$ に対応）

となり，同様に $\triangle$NMS と $\triangle$SNU が相似あることから，

$$\overline{NM} : \overline{NS} = \overline{NS} : \overline{NU} \quad \rightarrow \quad \overline{NS}^2 = \overline{NM} \cdot \overline{NU}$$

（すべり 1 のときの $I_2'^2$ に対応）

である．したがって，

$$\frac{\text{すべり 1 のときの銅損}}{\text{すべり } s \text{ のときの銅損}} = \frac{(r_1 + r_2')I_2'^2(s=1)}{(r_1 + r_2')I_2'^2(s=s)}$$

$$= \frac{\overline{NS}^2}{\overline{NP}^2} = \frac{\overline{NU}}{\overline{NU_0}} = \frac{\overline{SU}}{\overline{S_0U_0}}$$

より，$\overline{S_0U_0}$ は，すべり s のときの銅損と表していることになる．　■

② $\overline{PS_0}$ は，すべり s のときの出力を示している．

例題 6.7

上記のことを説明せよ．

【解答】　$\overline{PU_0}$ が入力から鉄損を差し引いたものであり，$\overline{S_0U_0}$ は，すべり s のときの銅損であるから，$\overline{PS_0}$ は，すべり s のときの出力となる．　■

このことから，$\overline{SN}$ を出力線という．

次に，

$$\overline{ST} : \overline{TU} = r_2' : r_1$$

となる点を T とする．

③ $\overline{ST}$ は，すべり s のときのトルクを表している．

例題 6.8

③を説明せよ．

【解答】　$\overline{ST}$ は，2 次入力に相当する．つまり，トルクに相当する．　■

6.6 円線図

次に,直線 NT と直線 PU_0 との交点を T_0 とする.

④ $\overline{PT_0}$ は,すべり s のときのトルクに相当する.

例題 6.9

④を説明せよ.

【解答】 出力の説明と同様な方法で説明できる. ∎

このことから,$\overline{TN}$ をトルク線という.

⑤ $\dfrac{\overline{S_0 T_0}}{\overline{PT_0}}$ はすべりを示す.

例題 6.10

⑤を説明せよ.

【解答】 $\text{すべり} = \dfrac{2\text{次銅損}}{2\text{次入力}}$

$= \dfrac{\overline{S_0 T_0}}{\overline{PT_0}}$ ∎

そのほか,作図より,効率やすべりを直視できる方法があるがここでは省略する.

6.7 かご形誘導電動機

誘導電動機の特性について述べてきた．2次抵抗値が特性に大きく影響を与える．巻線形誘導電動機では，外部回路により2次抵抗値を変えることができるが，かご形電動機の場合は，それができない．したがって，始動トルクを増加させるように設計されたとき，定常運転時の特性がよくない場合がある．この始動トルクを増加させ，定常運転時もよい特性となる工夫がなされている．一つは，**二重かご形**と呼ばれるものであり，もう一つは**深溝形**と呼ばれるものである．

6.7.1 二重かご形

図 6.14 は，二重かご形の回転子の一部を模式的に示したものである．かご形導体が A と B の 2 つある．固定子に近いかご形導体 A には，比較的高抵抗材料を用い，かつ導体断面積も小さい．導体 B は断面積も大きくかつ低抵抗材料を用いる．

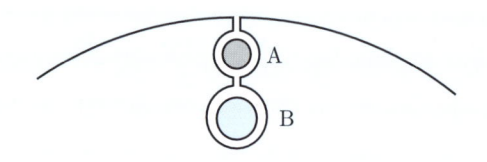

図 6.14 2重かご形回転子の説明図

始動時は，すべり s が 1 であるので，回転子には，sf の電源周波数の磁界がかかる．回転がはじまり，ほぼ定常に達すると滑りが小さくなり，その磁界の周波数が低くなる．かかる磁界の周波数が高いとき（始動時）表皮効果で回転子表面近くのみに影響する．このとき，回転子の電流はほぼ導体 A に流れる．したがって，2次抵抗値が大きいことになる．磁界の周波数が低くなる (回転) と，磁界が回転子奥深く影響する．このとき，導体 B まで磁界が進入する．したがって，導体 B に電流が流れることになる．つまり，2次抵抗値が低くなる．

6.7.2 深溝形

その構造は図 6.15 に示すように回転子溝を通常より深くほり，縦に長い導体を置く構造となる．始動時は，周波数の高い磁界がかかるため，導体の固定子

側に電流が流れる．つまり抵抗が高い．定常運転時には導体にかかる磁界の周波数は低くなり，導体全体に電流が流れる．つまり，2次抵抗値が始動時に比べ低くなる．このようにして，始動時と定常運転時の特性の向上を図っている．

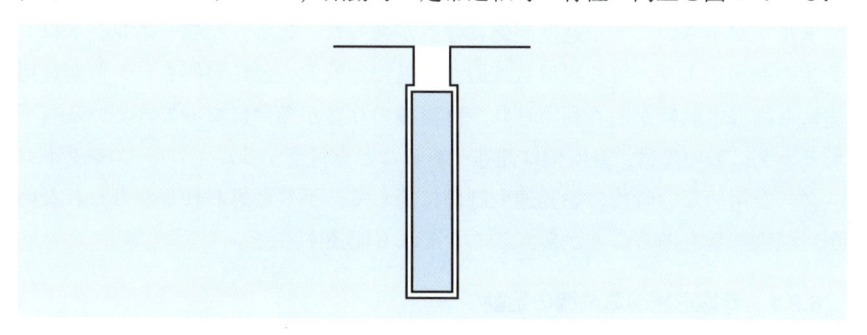

図 6.15 深溝形回転子の説明図

6.7.3 ゲルゲス現象

かご形誘導電動機において，固定子と回転子の溝数が等しい場合に，回転によっては，両者の位置が全く一致するときや全く不一致のときが生じる．磁界の脈動が大きくなり，始動できない場合もある．

かご形回転子の導体の一部が切れた場合など，速度が上昇しないときがあり，これを**ゲルゲス現象**という．

6.8 誘導電動機の始動・速度制御

　誘導電動機とくにかご形誘導電動機は，構造も簡単であり，堅牢であるが，始動トルクが小さいことや速度制御に難点があった．近年，パワーエレクトロニクスの進展により，可変周波数電源が容易に比較的安価に製作され，可変速用途にも誘導電動機が広く利用され，直流機の存在が希薄になってきている（小形モータにおいては，直流機は健在であることを付記する）．パワーエレクトロニクスを用いない時代の始動速度制御に関して，不要と思われるかもしれないが，温故知新もあることから，ここでそれも記述する．

6.8.1　巻線形誘導電動機の始動

　巻線形誘導電動機では，回転子巻線をスリップリングを介して，外部回路に接続できるので，外部回路を抵抗回路として，その抵抗値を始動時に大きく，定常運転時には抵抗値を小さく(短絡させる)始動方法が古くから行われている．

6.8.2　かご形誘導電動機の始動

　かご形誘導電動機に始動時に定格電圧をかけると全負荷電流の5～7倍の電流が流れる．この電流を**始動電流**という．小形の場合は，この方法がとられる．これを**全電圧始動**という．さらに大きい誘導機の場合は，始動時に1次巻線のY結線にし，加速後Δ結線にするスターデルタ始動法や変圧比が可変な変圧器を用いて低電圧で始動する方法がある．いずれも始動電流を抑制するためである．始動電流抑制する変圧器を**始動補償器**と呼んでいる．

6.8.3　速度制御

- **2次抵抗制御**　巻線形誘導電動機の場合のみ可能である．始動のときに述べたように外部抵抗回路の抵抗値を変化させ，速度を変化させる．
- **極数切り替え**　固定子の極数を切り替えることで，同期回転数が変化する．このことから速度制御が不連続ながらできる．固定子の極数を変化させると回転子の極数も変化させなければならないので，巻線形は不向きである．かご形で用いられる．
- **電源周波数制御**　電源の周波数を変化させると同期回転数も変化する．このことから速度制御が可能となる．誘導機の等価回路の励磁インピーダンスか

6.8 誘導電動機の始動・速度制御

らわかるように，電源電圧 E [V] が一定ならば，周波数 f [Hz] を低くすると励磁電流が大きくなる．つまり磁束が大きくなる．磁束を一定にするため，E/f を一定にすることも必要である．現在，パワーエレクトロニクスを用いたインバータを用い，高度な制御（ベクトル制御）を行い，誘導電動機を直流電動機のように運転することが可能となった．電気電車のように直流電動機が主流であった用途に，ベクトル制御を用いた誘導電動機が広く使われてきている．下図に模式的な接続図を示す．三相を1線でかいている．

```
三相電源 ─ AC/AC コンバータ ─ 誘導機
```

図 6.16 可変周波数電源を用いた誘導電動機の速度制御概念図

- **2次励磁制御**　巻線形誘導電動機において，2次側（回転子側）に電源を接続した2次励磁による速度制御が可能となる．誘導電動機がすべり s で回転しているとする．2次側の入力電圧は sE_2 であり，その周波数は sf である．スリップリングを介して，周波数 sf で電圧 V_2 の電源を接続する．このとき，

$$s\dot{E}_2 - \dot{V}_2 = \dot{Z}_2 \dot{I}_2 \tag{6.22}$$

の関係が成り立つ．V_2 を調整することで，すべり s が調整できる．すなわち，速度制御が可能となる．V_2 の大きさと周波数を調整する必要がある．これには，パワーエレクトロニクス技術が応用される．すべりを負にすることもできる．このときは，誘導機が発電機として働く．図 6.17 に模式図を示す．三相を1線で書いている．これを**静止セルビウス方式**（Scherbius system）という．可変速揚水発電や風力発電の発電機として，用いられている．

誘導機の2次側の電力を用いて，誘導機と機械的に接続された直流機を駆

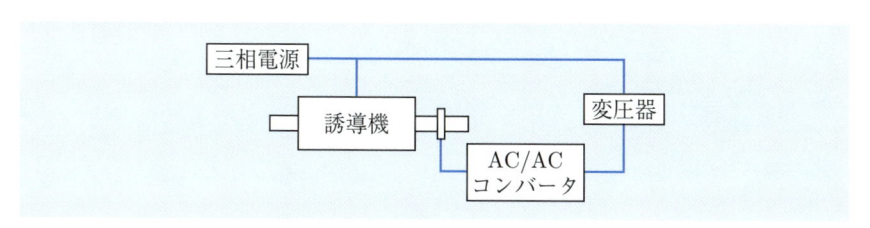

図 6.17 セルビウス制御の概念図

動する方式もあったが（これを**クレーマ方式**（Kraemer system）という），直流機が保守の課題であり，その使用の減少に伴い，ほとんど使用されなくなった．

上述の2方式を電力の流れから考えると，図 6.18 のような模式図となる．ただし，2次側の損失を無視した図であることに注意されたい．セルビウス方式では，速度制御に関わる2次銅損を電源側に変換する．クレーマ方式では，2次銅損を機械出力に利用すると考えられる．

(a) セルビウス方式　(b) クレーマ方式

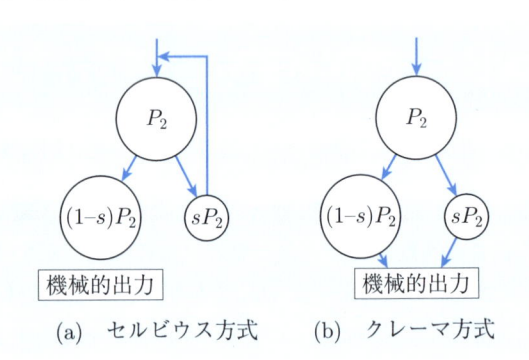

図 6.18　セルビウス方式とクレーマ方式の電力流れ図

例題 6.11

パワーエレクトロニクスを用いた誘導機の速度制御において，1次電源の電圧と周波数を制御する方式と2次側に接続したセルビウス方式がある．その特質について考えてみよ．

【解答】 パワーエレクトロニクス回路（コンバータ）の容量と特性の比較で，それぞれに有利である．

6.9 誘導発電機と誘導ブレーキ

6.9.1 誘導発電機

原動機を用いて誘導機を同期速度以上に回転させると，発電機となる．これを誘導発電機という．ただし，交流電源に接続していないと発電機としては働かないことは注意が必要である．同期速度以上に回転させると，すべり s は負となる．いままでの議論で，2次入力を P_2 とすると，2次銅損 P_{L2} と機械出力 P_m はそれぞれ，

$$\begin{cases} P_{L2} = sP_2, \\ P_m = (1-s)P_2 \end{cases} \tag{6.23}$$

となる．$P_{L2} > 0$ であるので，すべりが負であることは，P_2 が負であることを意味する．このことは，誘導機から電源へ電力が変換されていることを意味し，すなわち誘導機が発電機として働いていることを意味する．2次側だけでの効率 η_2 は，

$$\eta_2 = \frac{1}{1-s} \tag{6.24}$$

となる（s は負なので，$1-s = 1+|s| > 1$ であることに注意）．同期発電機に比べて効率が劣ることになるが，励磁回路を必要としないことなどから，簡単に発電機として働くために，小容量の発電機として活躍している．

6.9.2 誘導ブレーキ

誘導機が回転しているときに，相回転が逆になるように接続を変えると，回転磁界が回転方向と逆になり，ブレーキがかかる．これを誘導ブレーキという．すべり s で回転しているとする．図 6.19 において実線上の点を s とする．このとき，相回転を逆にするとする．相回転が逆の場合のトルク特性は図の点線のようになる．正回転のトルクを正としていることに注意する．逆回転から見るとすべりが 1 をこえていることになる．逆回転から見たすべりを s' とするとその機械的出力は，

$$P_m = \frac{1-s}{s} r_2 I_2^2 < 0 \quad (s > 1) \tag{6.25}$$

であり，それは負となる．したがって，誘導機は，回転から得たエネルギーと

電源からのエネルギーを損失として消費することになる．2次導体の発熱として消費されることになる．急激なブレーキが必要な場合に使用される．

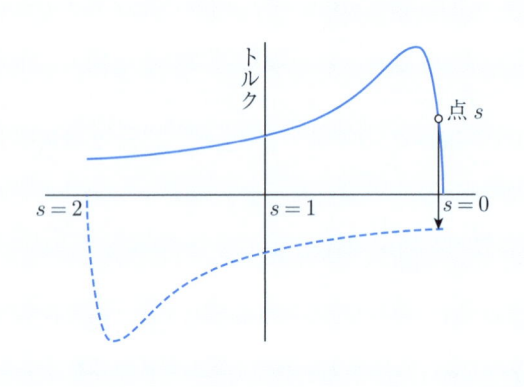

図 6.19　速度トルク曲線による誘導ブレーキの説明図

6.10 単相誘導電動機

いままでは，三相誘導電動機について記述してきた．家庭にある電源は単相である．そこでの誘導電動機は単相誘導電動機が使用される．この単相誘導電動機について述べる．

6.10.1 単相誘導電動機の構造と特性

図 6.20 は，単相誘導電動機の模式図である．固定子には単相巻線が施され，回転子はかご形である．固定子の単相巻線には正弦波電流が流れ，空間に交番磁界を発生させる．磁界の方向は図 6.20(a) の矢印のようになり，その大きさが正弦波状に変化する．

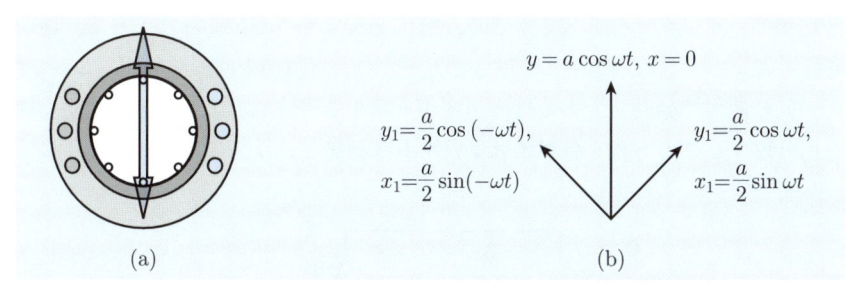

$y = a\cos\omega t,\ x = 0$

$y_1 = \dfrac{a}{2}\cos(-\omega t),$
$x_1 = \dfrac{a}{2}\sin(-\omega t)$

$y_1 = \dfrac{a}{2}\cos\omega t,$
$x_1 = \dfrac{a}{2}\sin\omega t$

(a)　　　(b)

図 6.20　単相誘導電動機の模式図と交番磁界

単相誘導電動機の動作特性はいくつかの説明法があるが，ここでは回転磁界説で説明する．空間に発生した交番磁界を，相回転が異なる 2 つの回転磁界で表す．図 6.20(b) 参照．

図 6.21 は，回転磁界が順方向の場合と逆方向の速度・トルク曲線を示す．単相巻線では，交番磁界であり，それは順方向と逆方向の回転磁界で表されるから，単相誘導電動機の速度・トルク曲線は下図の太線のようになる．

この速度・トルク曲線から，単相誘導電動機は起動トルクがゼロである．したがって，起動しない．起動させるためには回転磁界が必要である．そこで，回転磁界を発生させるために，単相巻線以外に，巻線を加える．これを補助巻線という．これを**分相始動**という．また，鉄芯と巻線を工夫したくま取り形誘導電動機がある．

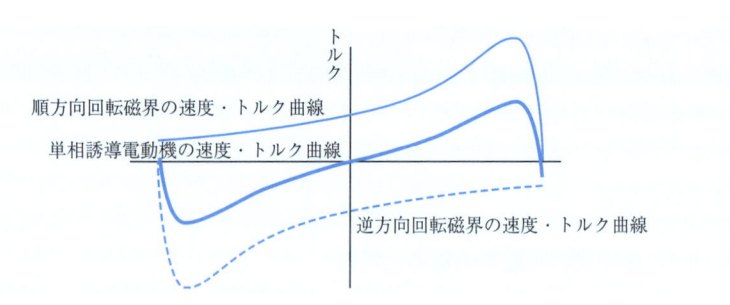

図 6.21　交番磁界によるトルクを 2 つの回転磁界によるトルクでの表現

6.10.2　分相始動単相誘導電動機

図 6.22(a) のように主巻線（M）と補助巻線（A）を持ち，補助巻線は主巻線と比べて，インダクタンスを小さく，抵抗を大きくする．これによって，補助巻線の電流が主巻線の電流より進むこととなり，近似的な回転磁界が得られる．この回転磁界で始動し，ある程度速度が上昇すると遠心力スイッチで補助巻線を切り離す．この方式を**分相始動単相誘導電動機**という．

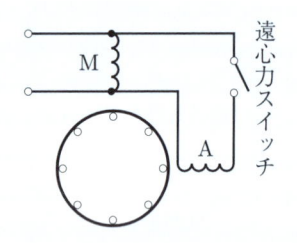

(a)　分相始動単相誘導電動機

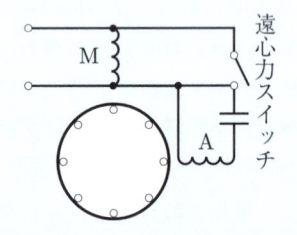

(b)　コンデンサ始動単相誘導電動機

図 6.22　単相誘導電動機の始動

図 6.22(b) は，補助巻線に直列にコンデンサを接続し，補助巻線の電流を主巻線の電流より進めることで擬似的な回転磁界をつくり，それを用いて始動させ，ある程度速度が上昇すると遠心力スイッチにより，補助巻線を電源から切り離す．これを**コンデンサ始動単相誘導電動機**という．

6.10.3 くま取り形単相誘導電動機

集中巻きの 1 次巻線を形成し，図 6.23 のよう磁極に切り口を設け，それに短絡コイル（くま取りコイル）をつける．主磁束が増加すると，くま取りコイルに磁束を抑制する電流が流れ，その鉄芯の磁束は減少する．逆に主磁束が減少すると，くま取りコイルのある鉄芯の磁束が増加する．したがって，主鉄芯からくま取りコイルのある鉄芯に磁束が移動することになる．この移動磁束で，回転子を回転させる．効率，力率ともに悪いが，構造が簡単で堅牢のため，小さなモータ（換気扇）に使用されている．

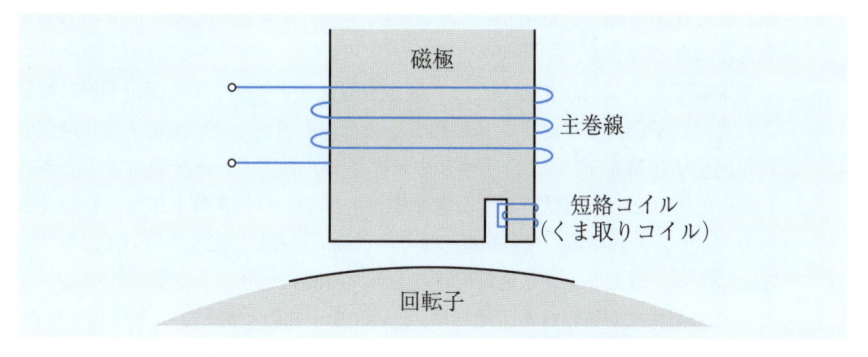

図 6.23 くま取り形単相誘導電動機の概念図

6章の問題

1 $2p$ 極の誘導電動機が周波数 f [Hz] の電源に接続され，N [min^{-1}] で回転し，p_e [W] の出力を出している．すべり，トルク，2次銅損を求めよ．

2 50 Hz，500 kW，6 極の誘導電動機は，すべり 2% で定格出力を出す．また，最大トルクは全負荷トルクの 2 倍である．1次銅損，機械損，漂遊負荷損は無視できる．次の問に答えよ．
 (1) 全負荷時の回転数を求めよ
 (2) 全負荷時の回転子電流の周波数を求めよ
 (3) 全負荷時の回転子銅損を求めよ
 (4) 全負荷時のトルクを求めよ
 (5) 最大トルクを発生するときのすべりを以下手順で求めてみよう．

　2次入力は（a）と比例関係にあるから，（a）で考える代わりに2次入力で考えることができる．

　電源電圧を V とし，1相当たりの固定子漏れリアクタンスと固定子側に換算された回転子漏れリアクタンスの和を x とし，1相当たりの固定子側に換算された回転子抵抗を r_2' とし，すべりを s とする．最大トルクを発生するときの1相当たりの2次入力は（b）と表せる．すべり s のときの1相当たりの2次入力は（c）と表せる．全負荷時のすべりを s_0 と表し，記号を用いて計算することにする．最大トルクと全負荷時のトルクの関係と上で求めた式から，r_2'/s_0 と x との関係式が得られる．それは，r_2'/s_0 を未知数とする2次方程式となる．その解は（d）となり，大小2つある．全負荷時に対応するのは（e）であり，その理由は（f）である．s_0 に上述の条件を入れると r_2' は（g）のように x で表される．したがって，最大トルクを発生するすべりは（h）となる．

7 概説 パワーエレクトロニクス

　パワーエレクトロニクスとは，スイッチのオン・オフを利用して，周波数，電圧などを変換すること，すなわち電力変換することの総称である．このスイッチに半導体スイッチング素子を用い，変換するときに制御を用いる．すなわち，パワーエレクトロニクスは，半導体，制御，電力の 3 つのキーワードからなる技術とである．

　この電気機器の教科書において，パワーエレクトロニクスの章を設けるのは，パワーエレクトロニクスが電力変換であること，パワーエレクトロニクスが電気機器の電源として発展してきたことによる．この章では，電気機器に関する講義の中で，限られた時間でパワーエレクトロニクス技術とはどのような技術かを述べる程度にし，詳細はパワーエレクトロニクスの教科書・専門書を参考にされたい．

---

7 章で学ぶ概念・キーワード
- スイッチング
- 半導体スイッチ素子
- 整流器
- インバータ

電力変換をスイッチのオン・オフを用いることで線形増幅器に比べ，非常に効率のよい変換となる．当然，このスイッチが効率のよいものでなければならない．そこで，半導体のスイッチング特性を利用する．また，電力変換に適した半導体の開発も重要である．

この電力変換を行う回路をパワーエレクトロニクス回路という．パワーエレクトロニクス回路を詳しく解析するためには，スイッチのオン・オフに対応した回路の過渡現象解析をする必要がある．一方，簡単に回路特性を知ることも必要であり，そのための考え方も重要である．

そこで，7.1 節では，過渡現象解析から簡単な回路特性把握，7.2 節ではスイッチとして用いられる半導体素子について，7.3 節では電力変換の種類と回路とその動作，7.4 節では応用について述べる．パワーエレクトロニクスだけを取り扱う教科書や専門書は非常に多くあるので，詳細はそれらを参照されたい．

7.1 スイッチのオン・オフと回路解析とスイッチの仕様

7.1.1 回路解析

図 7.1 のようにスイッチが 2 つとインダクタ L と抵抗 R と電圧源 E からなる回路を考える．これは，後に述べる直流電圧変換回路（直流チョッパ回路）の基本回路である．

スイッチは，表 7.1 に示すようにオン・オフするとする．時間 t [s] として，周期 T [s] とする．

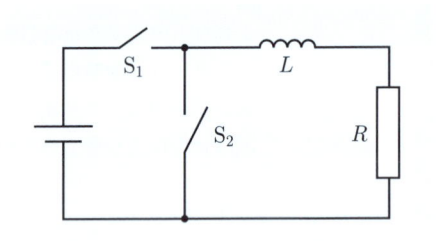

図 7.1 スイッチを含む回路例（直流電圧変換回路）

表 7.1 図 7.1 示す回路のスイッチの動作

	S_1	S_2	
$t = nT + T_1$	オン	オフ	第 1 回路
$nT + T_1 \leq t < (n+1)T$	オフ	オン	第 2 回路

7.1 スイッチのオン・オフと回路解析とスイッチの仕様

表7.1に示すように，スイッチのオンとオフ（状態）に応じて，それぞれに回路ができる．このスイッチの状態をモードと称したり，そのスイッチの状態で得られる回路を回路モードという．ここでは，回路に順番をつけ，第 n 回路と称することとし，表7.1のように回路に名をつけることとする．

第1回路において，

$$E = L\frac{di}{dt} + Ri \tag{7.1}$$

なる回路方程式が得られる．ただし，i は抵抗を流れる電流である．同様に第2回路では，

$$0 = L\frac{di}{dt} + Ri \tag{7.2}$$

なる回路方程式が得られる．

第1回路が開始するときの電流の初期値を i^0 とすると第1回路の電流は，

$$i = \frac{E}{R}\left(1 - e^{-\frac{R}{L}(t-nT)}\right) + i^0 e^{-\frac{R}{L}(t-nT)} \tag{7.3}$$

となる．第1回路で $t = nT + T_1$ のときの電流を i^1 とすると，第2回路の電流は，

$$i = i^1 e^{-\frac{R}{L}(t-nT-T_1)} \tag{7.4}$$

となる．ここで，定常状態を考えると，第2回路の最終値（$t = (n+1)T$ のときの値）と第1回路の初期値とが等しいことになるので，

$$i^0 = i^1 e^{-\frac{R}{L}(T-T_1)} \tag{7.5}$$

また，i^1 は，

$$i^1 = \frac{E}{R}\left(1 - e^{-\frac{R}{L}T_1}\right) + i^0 e^{-\frac{R}{L}T_1} \tag{7.6}$$

となる．したがって，

$$i^0 = \left\{\frac{E}{R}\left(1 - e^{-\frac{R}{L}T_1}\right) + i^0 e^{-\frac{R}{L}T_1}\right\} e^{-\frac{R}{L}(T-T_1)} \tag{7.7}$$

より，

$$i^0 = \frac{E}{R}\frac{e^{-\frac{R}{L}(T-T_1)} - e^{-\frac{R}{L}T}}{1 - e^{-\frac{R}{L}T}} \tag{7.8}$$

が得られる．これを用いて，定常解が得られる．定常解において，第1回路が開始する時間を原点とすると，

- $0 \leq t < T_1$ において,
$$i = \frac{E}{R}\left(1 - e^{-\frac{R}{L}t}\right) + \frac{E}{R}\frac{e^{-\frac{R}{L}(T-T_1)} - e^{-\frac{R}{L}T}}{1 - e^{-\frac{R}{L}T}}e^{-\frac{R}{L}t} \tag{7.9}$$

- $T_1 \leq t < T$ において,
$$i = \frac{E}{R}\frac{1 - e^{-\frac{R}{L}T_1}}{1 - e^{-\frac{R}{L}T}}e^{-\frac{R}{L}(t-T_1)} \tag{7.10}$$

となる.このように,簡単な回路でも過渡現象の連続となり,その解は複雑である.なお,回路の特性が簡単に把握できるように近似的な解を求めることが考えられている.

図 7.1 の回路において,インダクタのインダクタンスが非常に大きいか,スイッチングの周期が短い場合に,

$$i^0 = \frac{E}{R}\frac{e^{-\frac{R}{L}(T-T_1)} - e^{-\frac{R}{L}T}}{1 - e^{-\frac{R}{L}T}} \Rightarrow i^0 = \frac{E}{R}\frac{T_1}{T} \tag{7.11}$$

(分母と分子を T で微分することで得られる)

となり,負荷抵抗には上記の一定の電流が流れると近似的に考えてよい.このように,パワーエレクトロニクス回路において,詳細な計算も必要であるが,近似的に回路特性を示すことが多い.このように,これまでの詳細な検討により,有用な近似解が示されている.

7.1.2 スイッチの仕様

7.1.1 で考察した回路のスイッチについて考える.スイッチ S_1 は任意の時刻にオンし,かつ電流が流れているときにオフにならなければならない.前者の機能を**自己ターンオン機能**といい,後者の機能を**自己ターンオフ機能**という.スイッチ S_2 は S_1 がオンのときオフで,S_1 がオフのときオンとなる機能が要求される.スイッチ S_1 がオンのときは,電源電圧がスイッチ S_2 にかかる.この状況でオフであり,スイッチ S_2 はスイッチ S_1 がオフのときインダクタを流れる電流の通路をつくるような素子である必要がある.後に述べるダイオードがこの役目を持つ.

7.2 半導体スイッチング素子

7.1節で述べたように，スイッチング素子には，いろいろな要求がある．それをまとめると，自分自身でオンすることができる自己ターンオン機能の有無，自分自身でターンオフできる自己ターンオフ機能の有無に分類できる．

7.2.1 自己ターンオン機能も自己ターンオフ機能もない素子

その素子にかかる電圧が正の場合にオン，負の場合にオフする素子として，ダイオードがある．ダイオードの記号と特性を図7.2に示す．図7.2の順電圧に対してダイオードはオンし，わずかな電圧が発生する．これを順電圧降下と呼ぶ．また逆電圧に対してはオフとなる．このとき，わずかな電流が流れる．これを逆電流と呼ぶ．逆電圧が高くなるとダイオードがオン状態になるか破壊する．このような電圧を逆耐電圧という．

7.2節で述べたスイッチ S_2 に要求される特性を持ち，しかも回路にスイッチ S_1 の状態を知ることなく動作できる（図7.1の回路においてのスイッチ S_2 は，スイッチ S_1 の状態を知って動作するように説明しているが）．その動作を，次の例題で考えてみる．

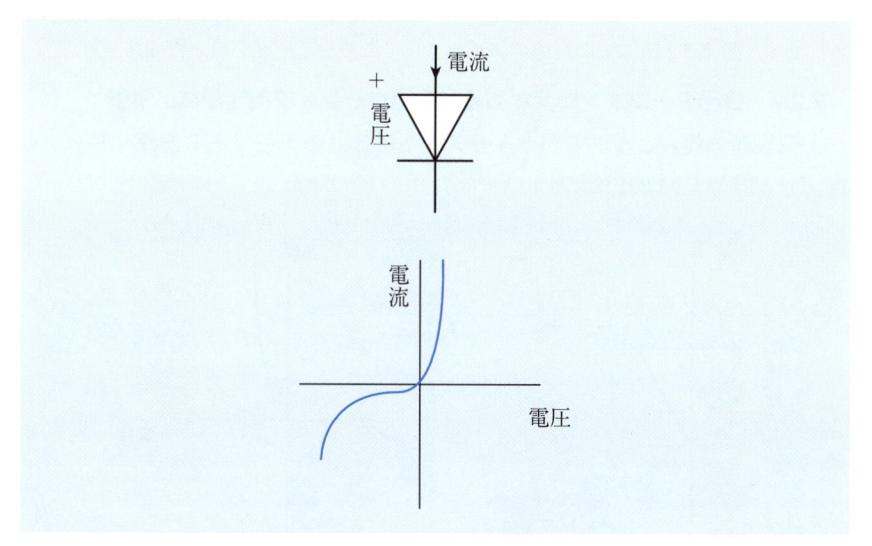

図7.2　ダイオードの図記号と特性

---例題 7.1---
図 7.1 のスイッチ S_2 にダイオードを用いると所望の動作が行えることを説明せよ.

【解答】 図 7.2 のように, ダイオードを接続する. スイッチ S_1 がオンのとき, ダイオードにかかる電圧は, ダイオードにとって逆電圧であるため, オフ状態となる. 次にスイッチ S_1 がオフとなると, インダクタ L の電流変化のため, ダイオードに順電圧がかかりダイオードはオン状態となる. このようにダイオードは自己ターンオン能力も自己ターンオフ能力もないが, スイッチ S_1 の状態に応じて, 制御信号なしに所望の動作ができる有能な素子であり, 非常に多く使われる. ■

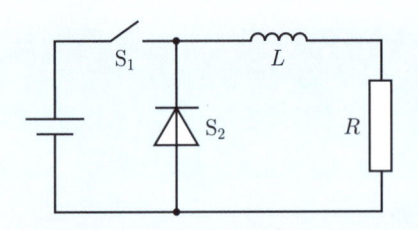

図 7.3　図 7.1 の回路のスイッチ S_2 にダイオードを用いた回路

7.2.2　自己ターンオン機能があるが自己ターンオフ機能がない素子

上記表題の代表となるのが**サイリスタ**と呼ばれる素子である. サイリスタの図記号と特性を図 7.4 に示す.

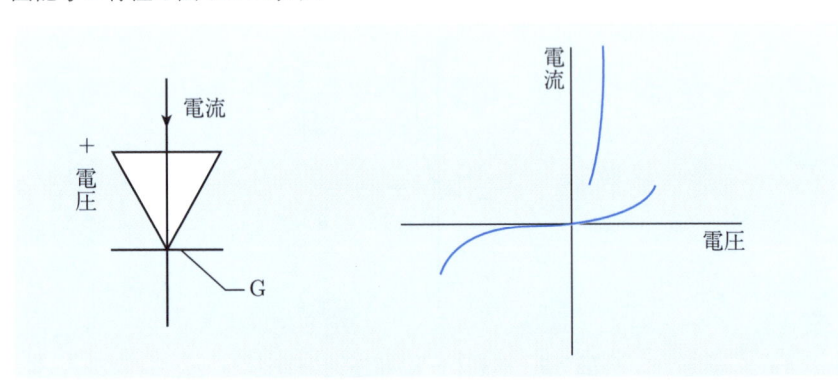

図 7.4　サイリスタの図記号と特性

図 7.4 において，G はゲートを示し．順電圧のときにゲートに電流をパルス状に加えることでサイリスタはターンオンする．その後，逆電圧がかかるまでオン状態を続ける．ターンオフ機能はないが，パルス的に電流を加えるだけでターンオンするところに特徴がある．特性図は，ゲートに電流を加えた場合の図である．なお，ゲートにパルス電流が存在してサイリスタの電流がある値にならないと，ターンオンしない．この電流を**ラッチング電流**という．また，導通しているサイリスタの電流が，ある電流以下になるとサイリスタがオフになる．この電流を**保持電流**という．

ゲートに電流を加える代わりに光を与えるとターンオンする光サイリスタもある．大容量の電力変換器として用いられている．

7.2.3 自己ターンオン機能と自己ターンオフ機能をともに有する素子

電子回路で使われる同様なトランジスタが上記表題の素子の代表である．トランジスタには，バイポーラトランジスタと **MOSFET**（Metal-Oxide-Semiconductor Field-Effect Transistor）がある．パワーエレクトロニクス応用では，バイポーラトランジスタと MOSFET，さらに **IGBT**（Insulated Gate Bi-polar Transistor）と称されるものが用いられる．また，サイリスタに自己ターンオフ機能を加えた **GTO**（Gate Turn-Off Thyristor）やそれを改良した **GCT**（Gate Commutated Turn-off Thyristor）などがこれに分類される．

バイポーラトランジスタは，MOSFET に比べて順電圧降下が小さく，大容量用として用いられるが，スイッチング周波数が低い．バイポーラトランジスタよりスイッチング周波数は高く，MOSFET より大容量で使用可能なものが IGBT である．その図記号を図 7.5 に示す．主電流が流れるところはバイポーラトランジスタと同様であり，ゲートは MOSFET と同様に電圧で駆動される．高速で大容量のスイッチングが可能であり，非常に多くの用途に使用されている．IGBT の順電圧降下を小さくした IEGT が開発されている．

バイポーラ形の素子よりもより大きな電力を扱う用途で用いられる自己ターンオフできるサイリスタとしては，GTO がある．GTO をターンオフさせるゲート電流が大きいので（オフすべき電流の 1/5 程度），ゲート電流にオフすべき電流を加えた GTC などもある（ゲート電流を制御する電子回路機能をサイリスタと結合した GTO 形の素子としての GCT（Gate Commutated Thyristor）などもある）．

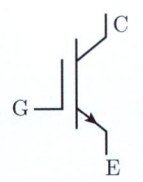

図 7.5　IGBT の図記号

特殊な用途以外では，自己ターンオン能力と自己ターンオフ能力が要求される場合に，IGBT が使用される．

7.2.4　素子の組合せ

パワーエレクトロニクス回路としてよく用いられる素子の組合せを一体化した素子がつくられてきた延長上に，**IPM**（Intelligent Power Module）がある．これは，保護回路，ゲート回路などを一体化した機能素子である．

例1　ゲート電流を制御する電子回路を機能をサイリスタと統合した GTO 形の素子としての GCT などがある．　　　　　　　　　　　　　　　　□

7.2.5　その他

半導体スイッチング素子を動作させるための駆動回路（ゲート電流，ゲート電圧）にもいろいろな工夫があるが，説明は，パワーエレクトロニクスの教科書や専門書に譲る．

また，スイッチング素子には，スイッチング時に過大な電圧がかかるが，この電圧を緩和するためにスナバ回路が用いられる．これに関してもいろいろな工夫がされている．詳細は専門書を参考にされたい．

7.3 電力変換回路

パワーエレクトロニクス技術で電力を変換する場合，その回路は，入力と出力の関係から表 7.2 のように分類されている．

表 7.2 電力変換と名称

入力＼出力	直流 (DC)	交流 (AC)
直流 (DC)	直流チョッパ	インバータ
交流 (AC)	整流器	AC スイッチ（電圧のみ変換）
		サイクロコンバータ（電圧と周波数を変換）

7.3.1 整流器

交流から直流への変換を，整流と呼び，整流する機器を整流器という．電力系統は交流であるので，交流から直流を得るため，電力変換の初期から注目されてきたものである．ここで，一般の p 相半波整流回路について述べる．図 7.6 はサイリスタ p 相半波整流回路の基本回路である．直流負荷にリアクトルが直列に接続されている．

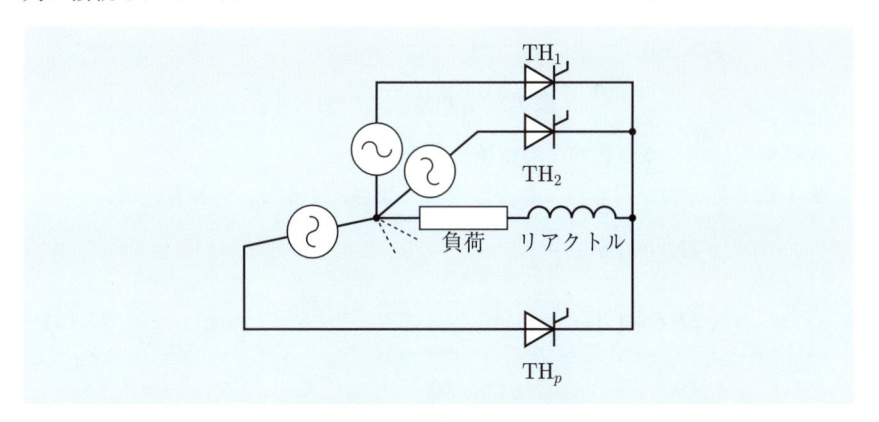

図 7.6 p 相半波整流回路

図 7.7 は p 相の一部の波形を示したものであり，隣の相間の位相差は $2\pi/p$ である．第 1 相の電圧と第 2 相の電圧が等しくなった点を $\theta = 0$ とする（正弦波 $\sin(\omega t + \varphi)$（ω：角周波数）を $\sin(\theta + \varphi)$ と表している）．

$\theta = 0$ の時点で，TH_1 が導通しており負荷に電流を供給しているとする．$\theta = \alpha$

（図 7.7 の一点鎖線）となったとき，TH_2 のゲートにオン信号を送る．この α を**制御角**という．TH_2 には順電圧がかかっているのでターンオンする．すると TH_1 には逆電圧がかかり，TH_1 はターンオフする．このとき，電流が TH_1 から TH_2 に移るが，このことを**転流**と称する．このことを繰り返し，負荷に直流を送る．リアクトルは電流変化を抑制する働きを持ち，ほぼ負荷直流電流が一定となる．

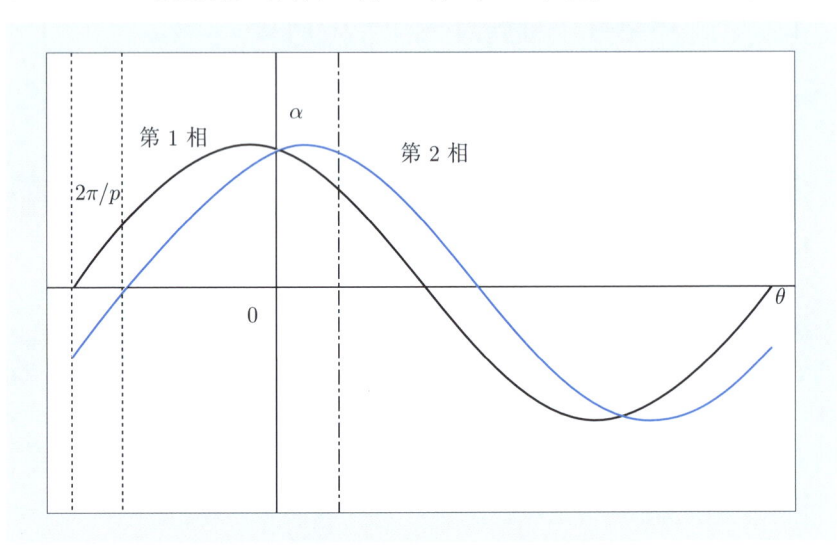

図 7.7 p 相波形（一部）

次に負荷にかかる直流の平均電圧を求めよう．

第 1 相と第 2 相が同じ値になるところを原点とすると，各相電圧は，

$$\begin{aligned}
e_1 &= \sqrt{2}E\cos\left(\theta + \frac{\pi}{p}\right) \\
e_2 &= \sqrt{2}E\cos\left(\theta - \frac{\pi}{p}\right) \\
&\vdots \\
e_p &= \sqrt{2}E\cos\left(\theta + \frac{3\pi}{p}\right)
\end{aligned} \tag{7.12}$$

となる．サイリスタ TH_1 がオン状態にあるのは，

$$-\frac{2\pi}{p} + \alpha \leq \theta \leq \alpha$$

のときであるので，その平均電圧 E_d は，

7.3 電力変換回路

$$E_d = \frac{p}{2\pi} \int_{-\frac{\pi}{p}+\alpha}^{\frac{\pi}{p}+\alpha} \sqrt{2}E \cos\left(\theta + \frac{\pi}{p}\right) d\theta$$

$$= \frac{\sqrt{2}p}{\pi} E \sin\frac{\pi}{p} \cos\alpha \tag{7.13}$$

となる．

この半波整流回路は，整流器動作の考え方を示すのに便利であるが，実用には適していない．

---**例題 7.2**---

3相半波整流回路の直流平均電圧を求めよ．

【解答】 (7.13) 式に $p = 3$ を代入し，

$$E_d = \frac{\sqrt{2} \cdot 3E}{\pi} \sin\frac{\pi}{3} \cos\alpha$$

$$= \frac{\sqrt{2} \cdot 3E}{\pi} \frac{\sqrt{3}}{2} E \cos\alpha$$

$$\simeq 1.17 E \cos\alpha$$

となる ∎

よく使われる整流回路は，図 7.8 に示す三相サイリスタブリッジ整流回路である．

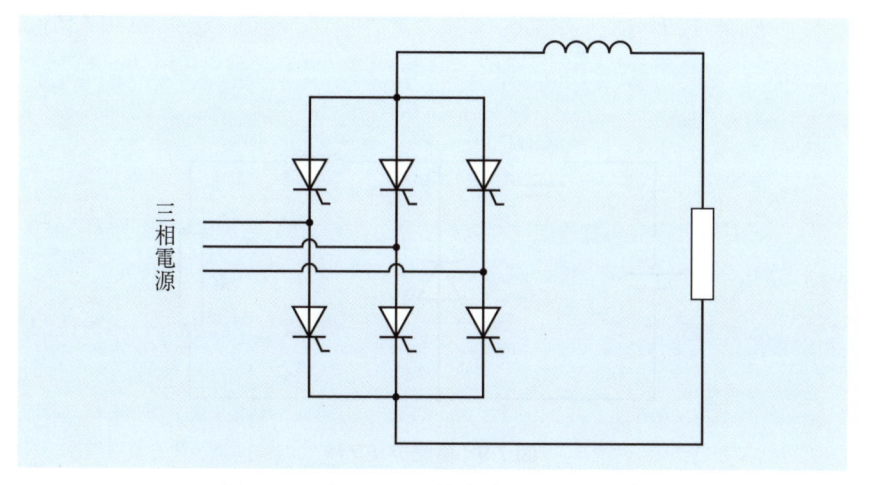

図 7.8 三相ブリッジ結線（グレエツ結線）

この平均電圧は (7.12) 式を用い，電圧を線間電圧とし，転流が 6 相で行われることを考慮すると，

$$\begin{aligned} E_d &= \frac{6\sqrt{2}E_l}{\pi} \sin\frac{\pi}{6} \cos\alpha \\ &= \frac{3\sqrt{2}}{\pi} E_l \cos\alpha \\ &\simeq 1.35 E_l \cos\alpha \end{aligned} \tag{7.14}$$

となる．ただし，E_l は線間電圧である．

この回路は，負荷側に直流電源を接続し，交流電源と接続すると，直流–交流変換ができる．つまり，(7.12) 式において，$\alpha > \pi/2$ とすると，$\cos\alpha < 0$ となり，$E_d < 0$ となる．$E_d \geq 0$ のとき，交流側から直流側に電力が流れるわけであるから，$E_d < 0$ は，直流側から交流側へ電力が流れることを意味する．すなわち直流を交流に変換したことになる．このとき，交流側に電源が必要である．したがって，これを**他励インバータ**という．

7.3.2 直流–直流変換（直流チョッパ）回路

7.3 節で示した回路のスイッチを半導体スイッチに置き換えた回路が，直流チョッパ回路である．直流平均電圧 E_d は，直流電源電圧 E，スイッチングの周期 T，IGBT がオンの周期 T_1 として，

$$E_d = \frac{T_1}{T} E \tag{7.15}$$

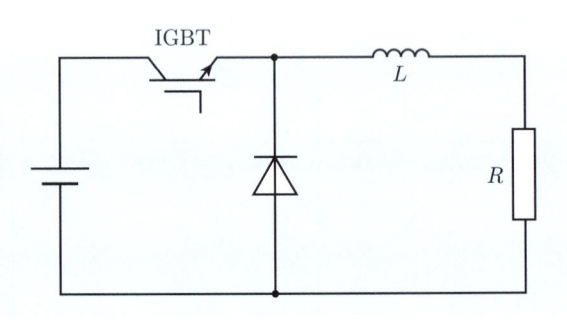

図 7.9 直流チョッパ

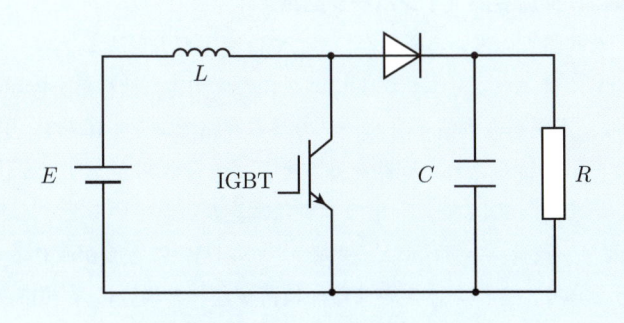

図 7.10 昇圧チョッパ

となる.したがって,直流平均電圧は,電源電圧より低くなり,この回路は,**降圧チョッパ回路**と呼ばれる.

電源電圧より負荷直流平均電圧が高くなる,**昇圧チョッパ回路**と呼ばれる回路がある.その基本回路を図 7.10 に示す.

図 7.10 において,キャパシタ C の静電容量が十分大きく,負荷電圧 E_L が一定と仮定する.IGBT のオンの周期を T_{on} とし,オフの周期を T_{off} とする.リアクトルの鎖交磁束を考えると,IGBT オン時の電流の変化 Δi_{on} は,

$$\Delta i_{on} = \frac{E}{L} T_{on} \tag{7.16}$$

と増加し,IGBT オフ時の電流の変化 Δi_{off} は,

$$\Delta i_{off} = \frac{E_L - E}{L} T_{off} \tag{7.17}$$

と減少する.定常状態においては,電流の増加分と減少分は等しい.したがって,

$$E_L = \frac{T_{on} + T_{off}}{T_{off}} \tag{7.18}$$

が得られる.電源電圧より負荷電圧が高い.

昇圧チョッパ回路において,直流電源とリアクトルの直列回路を電流源と見なせば,昇圧チョッパ回路と降圧チョッパ回路は双対[1]である.

降圧チョッパと昇圧チョッパとを組合せた昇降圧チョッパも提案されている.

---

[1] 双対については,p.180 のコラムを参照.

7.3.3　直流–交流変換（インバータ回路）

インバータ回路もいろいろあるが，ここでは電圧形方形波インバータのみを紹介する．詳しくは，パワーエレクトロニクスの専門書，教科書を参照されたい．

図 7.11 は，電圧形方形波インバータの基本回路である．IGBT（Tr）と逆並列にダイオードが接続された回路を基本として，それらがブリッジ状に接続されている．いま，図 7.11 で，三相の UV に電流が流れているとすると，その電流は，Tr_{pu}——負荷——Tr_{nv} と流れる．次に UW に電流が流れるので Tr_{nu} にオン信号を送り，ターンオンさせる．負荷が遅れの場合に V 相電流の流れる経路が必要である．その役目を逆並列のダイオードが受け持つ．

この回路において，負荷にかかる電圧が方形波となる．このことが，名前の由来となっている．方形波は正弦波にほど遠い波形である．そこで，方形波の幅を変化させ，正弦波に近い波形を得ることが考えられている．これは，パルス幅を変えることから，**PWM**（Pulse Width Modulation）と呼ばれている．

また，電流形インバータやスイッチング損失を小さくすることなどにより，様々なインバータが開発されている．詳しくは，パワーエレクトロニクスの専門書，教科書を参考にされたい．

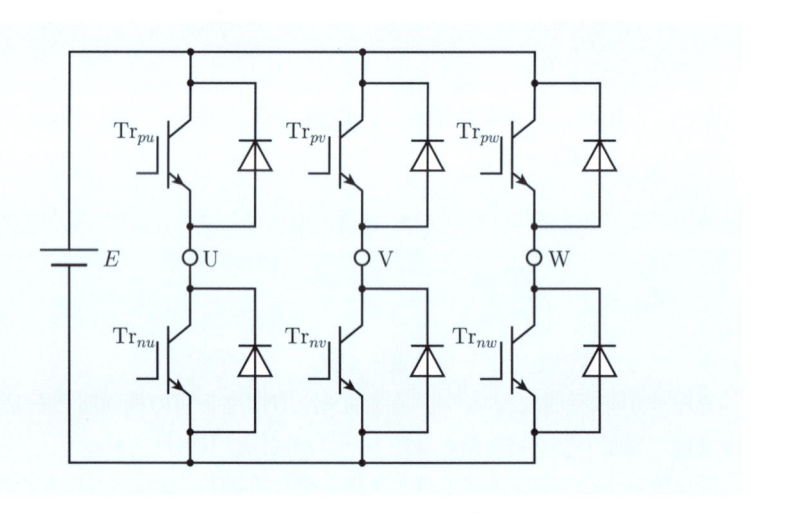

図 7.11　方形波電圧形インバータの基本回路

写真 7.1 TC13 形主変換装置（N700 系新幹線電車用）
誘導電動機を車両用に可変速駆動モータとして用いるための
パワーエレクトロニクス機器の実装例（PWM インバータ）
［写真提供：東海旅客鉄道株式会社］

7.3.4 交流–交流変換

交流は，電圧と周波数で決められる．したがって，交流–交流変換は，電圧だけ変換する交流スイッチと電圧と周波数をともに変換するサイクロコンバータに分類される．

交流スイッチは，例えば，サイリスタを逆並列にした回路で，サイリスタの制御角を変えることで電圧制御を行う．また，**トライアック**と称する素子を用いる．トライアックの等価回路はサイリスタの逆並列で与えられ，ゲートは 1 つである．

サイクロコンバータは，サイリスタ整流器の制御角を変更すると交流が得られる原理を利用したものである．すなわち，(7.12) 式の α を変化させることで負荷側に交流を発生させることができる．回路も動作も複雑である．最近は，交流–直流変換と直流–交流変換を組合せて用いる場合が多い．

詳しくは，専門書・教科書を参考にされたい．

7.4 パワーエレクトロニクスの応用

　パワーエレクトロニクスは，電気エネルギーを使用する機器のほとんどに応用されている．電気エネルギーは，光エネルギー，熱エネルギー，力学エネルギーに変換される．また，化学における電気分解やエネルギー貯蔵としての電池など化学エネルギーにも変換される．

　光エネルギー，照明に関して，蛍光灯点灯回路（周波数を高くし，効率向上）や最近の LED（発光ダイオード）では，交流－直流変換など，パワーエレクトロニクスなしの状況は全く考えられないといっても過言でない．

　熱エネルギーに関しては，従来電気エネルギー利用の効率は他に比べ非常に低いものであった．しかし，現在では，**IH**（誘導加熱）（電磁調理器）で他のエネルギー利用より効率でも競争できるようになり，安全性や利便性を含めると他のエネルギー利用を凌駕していると言っても過言でない．また，**ヒートポンプ**による熱エネルギーへの利用も高効率であり，電気エネルギー利用の有用性が増している．ヒートポンプの有用性は，動力（力学エネルギー）に電動機を用い，効率のよい制御が行えるところにある．いずれの場合も，パワーエレクトロニクスを応用することで，所望の電圧や周波数を制御できるところにその有用性がある．

　力学エネルギーに関しては，パワーエレクトロニクスの発展が電動機制御にあったこともあり，最もパワーエレクトロニクス応用の進んできたところである．整流器や直流チョッパを用いた直流機の制御であったが，インバータ利用で誘導機や同期機を制御し，直流機のような運転をできるようにしたのはパワーエレクトロニクス技術の貢献である．

　低炭素化社会に向けて，自然エネルギー利用が重要視されている．そこにおいても直流の太陽電池利用，風速が変わる風力発電の高効率利用など，パワーエレクトロニクスなしではその導入は考えられない．

　また，電力系統において，有効な制御のための機器（**FACTS** 機器（Flexible AC Transmission Systems））はパワーエレクトロニクス応用機器である．

　詳しくは，それぞれの専門書，教科書を参考にされたい．

7章の問題

☐**1** 三相ブリッジ整流回路を用いて，600 V の直流電源を得たい．制御角 0° のときには，無負荷で，660 V を得ることにする．いくらの三相電圧を用意すべきか．

☐**2** p 相半波整流回路において，交流側の変圧器漏れインダクタンスなどにより，転流の様子が違う．そのことに関して，図 7.12 を参考にしながら，次の文章の空欄を埋めよ．

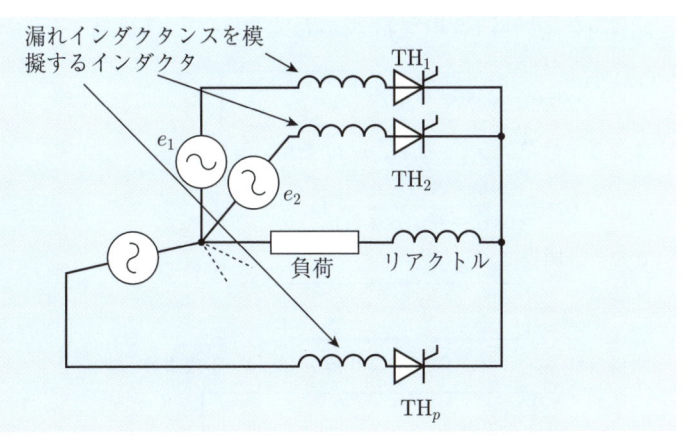

図 7.12 交流電源側のインダクタンスを考慮した p 相半波整流回路

図 7.6 の波形を参考にする．交流電圧を
$$e_1 = \sqrt{2}E\cos\left(\theta + \frac{\pi}{p}\right), \quad e_2 = \boxed{}$$
と表す．漏れインダクタンスに対応するリアクタンスを $x[\Omega]$ とする．

いま，$\theta = 0$ において，TH_1 を介して，負荷に電流 I_d [A] 供給しているとする．$\theta = \alpha$ において，TH_2 にゲート電流を流すと，TH_2 はターンオンする．しかし，TH_1 は直ちにはオフできない．その理由は，漏れインダクタンスにより電流が急に零にはならないからである．TH_1 と TH_2 がともにオン状態にあることを電流の重なりといい，その期間を重なり期間という．

重なり期間中においても負荷電流は一定とする．TH_1 と TH_2 の電流をそれぞれ i_1, i_2 とする．

したがって，
$$i_1 + i_2 = I_d \tag{*}$$
となる．

重なり期間中では，$e_1 - x\dfrac{di_1}{d\theta} = e_2 - x\dfrac{di_2}{d\theta}$ が成立する．

(∗) 式から，$\dfrac{dI_d}{d\theta} = 0$ を考えると，

$$e_2 - e_1 = 2x\dfrac{di_2}{d\theta}$$

となり，$\theta = \alpha$ のとき，$i_2 = 0$ より，

$$i_2 = \boxed{}$$

が得られ，$\theta = \alpha + u$ のとき，$i_2 = I_d$ となるので，$E_{d0} = \dfrac{\sqrt{2}pE}{\pi}\sin\dfrac{\pi}{p}$ を用いると，

$$\cos\alpha - \cos(\alpha + u) = \boxed{} \quad (**)$$

となる．したがって，θ, α, u, I_d を用いると，

$$i_1 = \dfrac{\cos\theta - \cos(\alpha + u)}{\cos\alpha - \cos(\alpha + u)} I_d$$

となる．同様に，

$$i_2 = \boxed{}$$

が得られる．これから，重なり角 u は，(∗∗) 式より，

$$u = \boxed{}$$

となる．重なり期間中の直流側電圧の瞬時値を e_u とすると，

$$e_u = \dfrac{1}{2}(e_1 + e_2) = \sqrt{2}E\cos\dfrac{\pi}{p}\cos\theta$$

となるので，インダクタを無視した場合の差電圧を e_x とすると，

$$e_x = \dfrac{1}{2}(e_2 - e_1) = \boxed{}$$

となる．したがって，インダクタによる平均電圧降下を E_x すると，

$$E_x = \dfrac{p}{2\pi}\boxed{}$$

で計算できる．E_x を p, x, I_d 用いて表すと，

$$E_x = \boxed{}$$

となる．したがって，重なり角を考慮した直流平均電圧 E_{du} は，

$$E_{du} = \boxed{}$$

8 応用の広がりに対応した電動機(モータ)

　電気機器回転機として,これまで,同期機,誘導機,直流機について,構造・特性を述べてきた.これらの基本的なモータ以外に,応用の広がりに対応したモータが開発され,実用化するとともにさらなる開発が進められている.その中心は小形モータと分類されるモータである.とはいえ,小形モータの明確な定義はないこと,小形モータとして開発されたモータの容量が大きくなっていること,等々であるので,歴史的に小形モータから進歩してきたモータについて,述べることとする.

8章で学ぶ概念・キーワード
- 小形モータ
- リラクタンスモータ
- ヒステリシスモータ
- 永久磁石モータ
- パルスモータ
- リニアモータ

第 8 章 応用の広がりに対応した電動機（モータ）

　小形モータには，様々な用途に向けた様々な種類のモータがあり，それを逐次説明するには多量の紙面を要する．そこで，ここでは，小形モータの基本的な考え方のみを概説することにする．したがって，小形モータといえ，いままで述べてきたモータと構造や特性が同じであるものも多い．ここでは，大形モータと同じような構造特性を持つものは扱わないこととする．ここで述べる電動機（モータ）は，いままで述べてきた電動機とどのように違うかを以下で述べる．

8.1　いままで述べてきた回転機とこの章で述べようとする電動機との比較

　いままで述べてきた回転機とこの章で述べる電動機とを比較して考える．比較項目は，材料，構造，トルク発生，運動，設計などである．

8.1.1　材料による比較

　界磁に電磁石を用いずに永久磁石を用いる電動機が多い．永久磁石の性能向上からそれを用いた電動機の容量が年々増加している[1]．

8.1.2　構造上の比較

　回転子において，大形機では力などの問題から，回転子が内部にある構造をとることが多い．小形機では，回転数の低い場合は回転子を外側にする場合もある．これをアウターローター（Outer rotor）形という．大形機でもまれに採用されるときもある．

　電機子巻線において，大形の直流機や同期機において，電機子巻線は鼓状巻（drum winding）が採用される場合が多いが，小形機では，性能のよさや巻線の簡便化などから，環状巻（ring winding）や集中巻が採用される場合も多い．

　誘導機の回転子（2次巻線）において，大形機では，巻線形回転子（wound-rotor）とかご形回転子（squirrel-cage rotor）が採用される．小形機では，円筒導体が採用される場合もある．大形機においても特にリニアインダクションモータでは，2次巻線として，平板導体が採用されている．

---

[1] 小形機の例ではなく，大形機の例であるが，銅線の代わりに超電導線を用いることも考えられ，研究開発が進められている．

8.1 いままで述べてきた回転機とこの章で述べようとする電動機との比較 **179**

写真 8.1 アウターロータ形モータの一例
(電気自動車用永久磁石形同期電動機)
[写真提供:東京大学・堀洋一研究室]

8.1.3 トルク発生の説明による比較

いわゆるフレミングの左手の法則で説明しがたいトルク発生を用いる場合がある.特にリラクタンストルクや磁界のヒステリシス現象を利用した電動機がある.前者をリラクタンスモータ,後者をヒステリシスモータと呼ぶ.リラクタンスモータではないが,リラクタンストルクを有効に利用することもある.このような電動機の容量も年々増加している.

8.1.4 運動の違いによる比較

いままでに述べてきた電動機の動作は基本的に連続的な回転運動であるが,下記のようにステップ状の回転や直線運動をするものがある.

前者は,パルス状の電圧や電流により駆動される電動機で,パルス入力に対してステップ状に回転する.このような電動機はパルスモータ,ステップモータとかステッピングモータと呼ばれる.

後者はリニアモータと呼ばれ,直線運動をする電動機である.小形機に限ったものはなく,リニア誘導モータ(Linear Induction Motor:LIM)やリニア同期モータ(Linear Synchronous Motor:LSM)は,磁気浮上列車として,前者は実用化されており,後者は開発中である(写真 3.1 参照).

上記 2 つを合わせたリニアステップモータもある.

8.1.5 設計上の比較

大形機では,容量や電圧を基に設計され,その結果,容積が求められるよう

な場合が多いが，小形モータでは，容積などが設計のパラメータになることが多い．つまり，容積などの使用条件に応じた設計がなされる．

8.1.6 回転センサとしての小形モータ

回転センサには，光を利用したもの，磁気を利用したものがある．それに対して，小形モータを応用したものがある．レゾルバと呼ばれる．

以上のような比較から，原理的に分類されるリラクタンスモータ，ヒステリシスモータ，永久磁石モータについて述べ，その後にパルスモータ，リニアモータについて概説する．

☕ 双対（そうつい）

電気回路を例にとって考える．直列接続と並列接続，電圧と電流などを対応するものがある．その中のいくつかを表にして対応させてみる．

電圧	⟷	電流
直列接続	⟷	並列接続
抵抗	⟷	コンダクタ
インダクタ	⟷	キャパシタ
短絡	⟷	開放

この中から、いくつかの単語を取り出して文章をつくってみると，例えば，

　「電圧源を直列接続した場合の合成電圧は，それぞれの電圧の和となる」

上の文章の単語を表において対応する単語と置き換えた文章は，

　「電流源を並列接続した場合の合成電流は，それぞれの電流の和となる」

となり，正しい文章となる．正しい文章をこのように対となる単語などに入れ替えた文章も正しくなるような対を双対という．

いろいろな例を考えてみよう．例えば，

- 電圧源を短絡するのは危険である．⟷ 電流源を開放するのは危険である．
- インダクタの直列接続した合成インダクタンスは，それぞれのインダクタンスの和となる．⟷ キャパシタの並列接続したときの合成キャパシタンスは，それぞれのキャパシタンスの和となる．
- 電源を含む回路において，ある端子からみた等価回路は，
  電圧源とインピーダンス素子の直列接続で表される（テブナンの定理）．
  ⟷ 電流源とアドミッタンス素子の並列接続で表される（ノートンの定理）．
- その他，いろいろ考えてみよう．

8.2 リラクタンスモータ

磁気抵抗（リラクタンス）の変化を利用したモータをいう．原理的な構造を図 8.1 に示す．静止部（固定子）にコイルがあり，内部に回転子がある．回転子は，磁性体でできているとする．固定子巻線のインダクタンスは，固定子巻線と回転子のとの角度を θ [rad] とすると，磁性体の影響を受けて，図 8.2 のように変化する．

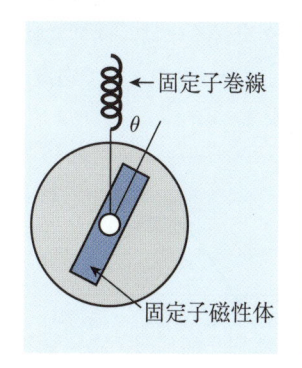

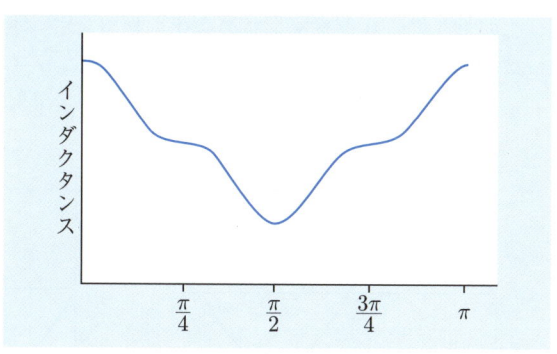

図 8.1 リラクタンスモータの概念図

図 8.2 回転角とインダクタンス

固定子巻線のインダクタンス L [H] は空間高調波を無視すれば，

$$L = L_0 + L_2 \cos 2\theta \tag{8.1}$$

と表すことができる．固定子巻線の電流が i [A] 一定とすれば，回転子のトルク T [Nm] は，次式となる．

$$T = \frac{d}{d\theta}\left(\frac{1}{2}Li^2\right) = -L_2 i^2 \sin 2\theta \tag{8.2}$$

電流を $i = I\cos\omega t$ とすると，

$$\begin{aligned}
T &= -L_2 I^2 \cos^2 \omega t \sin 2\theta \\
&= -L_2 I^2 \left(\frac{\cos 2\omega t + 1}{2}\right) \sin 2\theta \\
&= -L_2 I^2 \left(\frac{\sin(2\theta + 2\omega t) + \sin(2\theta - 2\omega t) + 2\sin 2\theta}{4}\right)
\end{aligned} \tag{8.3}$$

となる．回転子が電源と同期している場合，つまり，$\theta = \omega t - \delta$ とすると，

$$T = -L_2 I^2 \left(\frac{\sin(2\theta + 2\omega t) + \sin(2\theta - 2\omega t) + 2\sin 2\theta}{4} \right)$$

$$= -L_2 I^2 \left(\frac{\sin(4\omega t - 2\delta) + \sin(-2\delta) + 2\sin(2\omega t - 2\delta)}{4} \right)$$

$$= \frac{L_2 I^2}{4} \sin 2\delta \tag{8.4}$$

なるトルクが得られる．固定子が三相巻線を施していると，この 3 倍のトルクが得られる．

このように，リラクタンスの変化を利用して，トルクを得るには，同期回転が必要であり，したがって，リラクタンスモータは，同期モータの一種である．トルクと角度 δ の関係を図示すれば，図 8.3 のようになる．

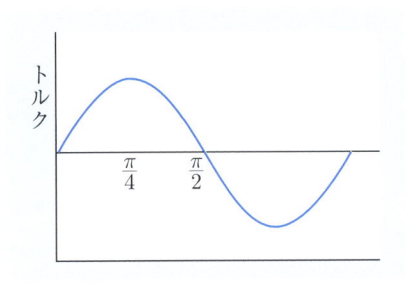

図 8.3 リラクタンストルク

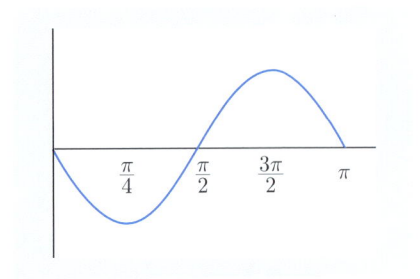

図 8.4 透磁率が低い回転子の場合のリラクタンストルク

回転子を強磁性体としたが，反磁性体の場合や磁性体の内部に透磁率が低いものを有し，逆突極性が現れるときは，リラクタンストルクは図 8.4 のようになる．

突極形の同期機におけるリラクタンストルクは，図 8.3 に示すトルクである．永久磁石を用いた同期機の場合に，図 8.4 に示すようなリラクタンストルクを持つ場合が多い．

例題 8.1

永久磁石を界磁に持つ同期機のリラクタンストルクは，なぜ図 8.4 に示すようなトルクとなるか．

【解答】 永久磁石の BH 曲線において，使用される動作点では，透磁率が周囲の磁性体に比べて低い．したがって，図 8.4 のようなリラクタンストルクとなる．

8.3 ヒステリシスモータ

磁性体のヒステリシスの特性を利用したモータである．固定子に誘導機や同期機と同様に三相巻線を施すことにする．回転子には，ヒステリシス特性がある磁性体を図 8.5 のように配置する．灰色部分がヒステリシス特性のある磁性体とする．

固定子からの磁界を模式的に示したのが図中の矢印である．

ヒステリシス特性を図 8.6 のように仮定する．固定子からの磁界を受けて，回

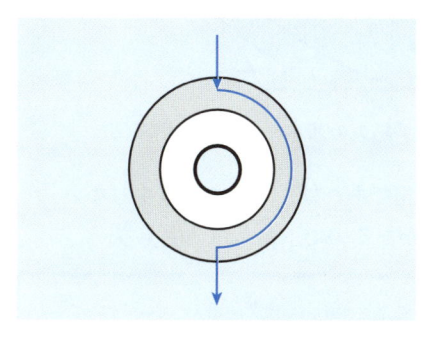

図 8.5 ヒステリシスモータの回転子の概念図

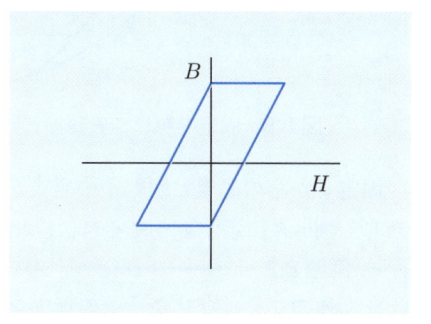

図 8.6 ヒステリシス曲線

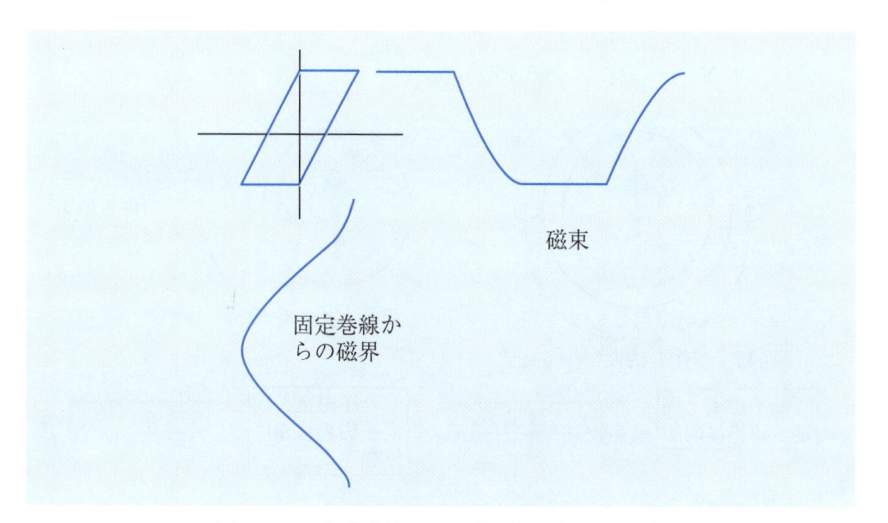

図 8.7 固定子巻線による磁界と回転子の磁束

転子に磁束が生じる．このことを図で示したのが図 8.7 である．図 8.7 の下部に示す固定巻線からの正弦波状の磁界により，回転子の磁界が図 8.7 の右図のようになる．

この磁束の基本波成分を求めると，図 8.8 のようになる（注目点は位相であるから，大きさは任意である）．

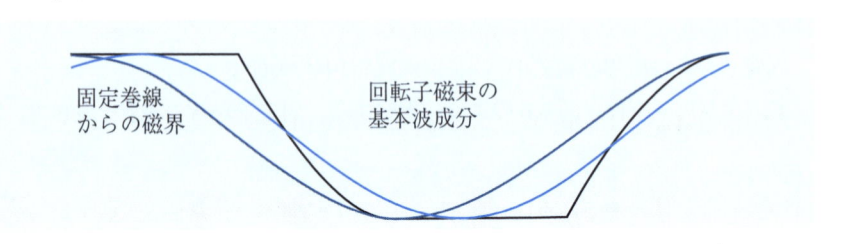

図 8.8 固定巻線による磁界と回転子磁束の基本波成分（位相関係）

固定子からの磁界と回転子の磁束が同相であれば，トルクは発生しない．しかし，図 8.8 に示すようにそれに位相差があるのでトルクが発生する．

例題 8.2

上述のことはなぜか．その理由を述べよ．

【解答】　位相差とトルクの発生を模式的に説明する．図 8.9 の左図において，固定子電流による磁界と回転子磁束が同相であり，固定子電流と回転子磁束に

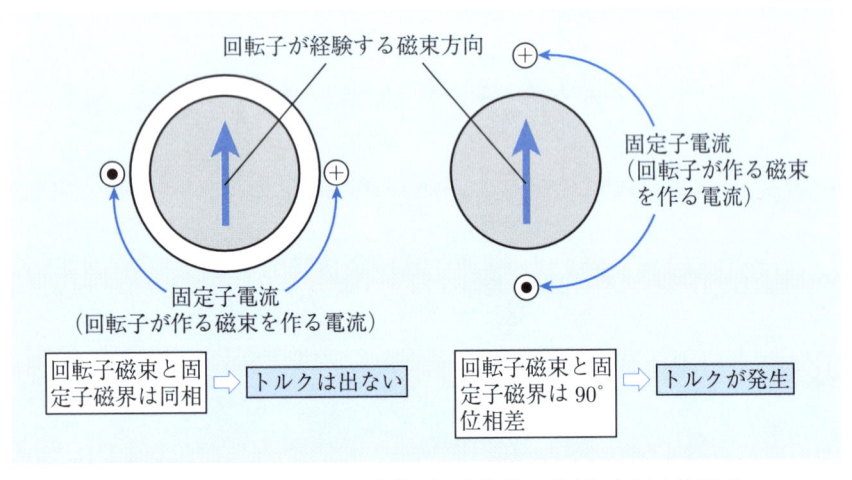

図 8.9 回転子の経験する磁束（固定巻線の磁束）と固定子電流

よるトルクはゼロである．右図は固定子磁界と回転子磁束が直交する場合を示している．この場合は明らかにトルクが発生する．したがって，固定子磁界と回転子磁束がある位相差を持つと，トルクが発生することになる．回転子がヒステリシス特性を持つと，上述のように固定子磁界と回転子磁束に位相差を生じ，トルクが発生する．　■

例題 8.2 の解で，ヒステリシスモータが基本的にトルクを発生することができることを示した．ここで，回転子が，固定子がつくる回転磁界より遅れている場合について考える．つまり，始動からある回転に至るまでのことを考える．このとき，回転子には，ヒステリシス特性に合わせて，渦電流が流れるなど非常に複雑な現象が生じると考えられる．しかし，基本的・原理的な説明を行うこととするため，ヒステリシス特性のみを考慮する．この考えにおいて，回転子の1つの箇所を考えると，磁束変化があることとになり，そこにヒステリシス損失が生じる．この損失を誘導電動機の2次損失と同じように扱うと，その損失 P_2 は，

$$P_2 = ksfP_h \tag{8.5}$$

と表される．ただし，s は回転子のすべり，f は固定子電流の周波数（電源周波数），k は比例定数（回転子の磁性体の体積など）である．誘導電動機の2次入力，機械出力，2次損失の関係は，

$$2次入力：機械出力：2次損失 = 1 : (1-s) : s \tag{8.6}$$

であるから，2次入力，すなわちトルクは，

$$T = k_T f P_h \tag{8.7}$$

となるので，トルクは，速度に無関係で一定となる．基本的な考えでの考察であるが，実験においても，トルクは同期速度以下の速度に対してほぼ一定となることが知られている．

8.4　永久磁石モータ

直流機や同期機では，界磁において磁束を発生させ，その磁束と電機子電流によるトルクを得る．この界磁に電磁石を使用してきたが，近年の永久磁石の性能向上により，永久磁石が採用されてきている．

主として，同期機の界磁として永久磁石が使用される（直流機にはあまり使用されない理由はp.194のコラム「同期機と永久磁石」を参照）．永久磁石を界磁に使用した同期機の特性と電磁石による界磁を持つ同期機の特性は，基本的には同じである．

回転子へ永久磁石を装着する位置関係から，図8.10に示すように，**表面磁石形**（**SPM**：Surface Permanent Magnet type）と**埋め込み磁石形**（**IPM**：Interior Permanent Magnet type）に分類される．

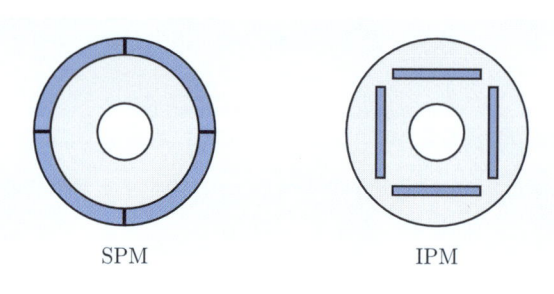

SPM　　　　　　　IPM

図 8.10　回転子と永久磁石の例

SPMは，小容量のものに採用されている．磁石が回転により，飛散する課題があること，また，電機子電流による磁束で減磁することなどの懸念がある．

永久磁石同期機は界磁を電磁石から永久磁石に置き換えたものだけであるように思われるが，以下に示すように相違がある．

(1) 電磁磁石界磁では，界磁電流を変化，すなわち界磁を変化できるが，永久磁石ではできない．運転方法の検討は当然であるが，機器定数測定法も検討しなければならない．

(2) 永久磁石において，外部磁気回路（電機子反作用磁束）の影響で，減磁することがあるので，運転において注意が必要である．

(3) 電磁石は透磁率の高い磁性材料を使用する．永久磁石においても透磁率

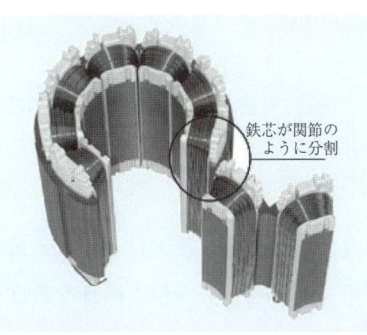

写真 8.2　ポキポキモータ
集中巻線方式で電機子巻線の占有面積を大きくし製作を容易にした永久磁石形同期電動機の開発事例
［写真提供：三菱電機株式会社］

写真 8.3　永久磁石と横磁束のための電機子
鉄芯を用いて大トルク化を実現した Transverse Flux 同期電動機
［ドイツ・ブラウンシュバイク工科大学．写真撮影：古関］

の高い磁性材料を使用するが，永久磁石の動作点においては，むしろ透磁率が低い．したがって，突極形同期機において，リラクタンストルクが突極性を表すが，永久磁石界磁においてはその逆の特性となる．つまり，永久磁石機の直軸同期リアクタンスは，横軸同期リアクタンスより小さいことが多い．したがって，出力特性に違いが出てくる．

上述の (1) に関しては，パワーエレクトロニクスを用いた電源を使用し，運転性能の向上を図っている．とくに直流機と同様な特性を持たすベクトル制御が行われている．

(2) に関しては，電機子反作用が減磁方向にならないように運転をする．また，減磁磁束が永久磁石に影響を与えないような磁極を設計する．このために様々な工夫した磁極が考えられてきている．

(3) に関しては，このリラクタンストルクを有効利用する設計が盛んになされ，主磁束によるトルクよりリラクタンストルクが大きいようなモータも出現している．

永久磁石モータの回転子における永久磁石の配置に関して，様々な方法が考えられ，いまなお研究開発中である．

ここでは基本的なことのみを述べたが，詳細は専門書を参考にされたい．

8.5 パルスモータ

パルス的回転をするモータであり，リラクタンストルクを利用するリラクタンスモータ，永久磁石を用いたパーマネントマグネットモータ，その両者を利用するハイブリッドモータに分類される．以下で，このように様々な工夫がなされたパルスモータについて，その基本的な動作を考える．

8.5.1 リラクタンス形

図 8.11 は，リラクタンス形パルスモータの模式図である．内部に回転子があり，図のように磁性材料からなる 4 極によって構成されている．固定子は電磁石からなり，図に示すように 6 極からなる．

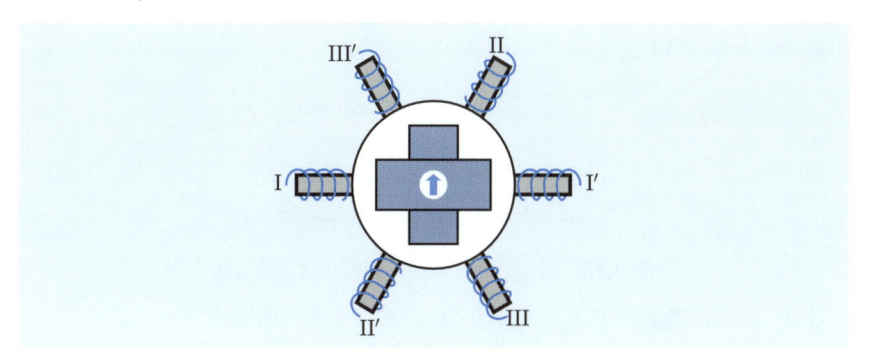

図 8.11 リラクタンス形パルスモータの模式図

固定子の電磁石は，図に示すように3対で考える．つまり，IとI′，IIとII′，IIIとIII′である．いま，IとI′の電磁石を励磁し，図 8.12 の矢印の方向に磁束を発生させると，回転子は図 8.12（左）の位置に止まる．次に，IIとII′を励磁し，矢印の方向に磁束を発生させたとすると，図 8.12（右）のように左に 30°

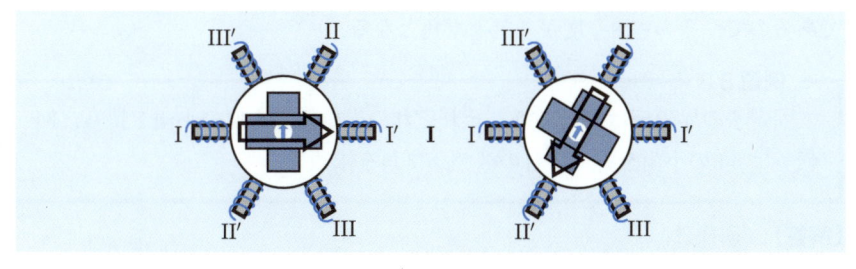

図 8.12 リラクタンス形パルスモータの回転原理図（1 相励磁）

回転する．次に III と III′ を励磁するとさらに 30° 回転する．このようにパルス的に回転をする．

励磁をパルス的に電磁石にかけるとき，そのパルスの周波数が高くなると，パルス的に回転せず，連続回転になることがある．パルス的にトルクが発生し，目標として静止位置で止まるのは，モータの摩擦によっている．

30° の回転をする例を示したが，1 つのパルスで回転する角度を小さくしたい要求に応えるために，極数を増やす方法，励磁方法に工夫をする方法などがあるが，それにも限度がある．そこで，次のように，磁極と回転子に小さな溝をもうける方法がある．このことを説明する．

いままで考察してきたパルスモータと固定子の相数は同じであるが，各相の極を図 8.13 に示すように溝を施す．また，回転子も小さな極数にする．いま，回転子の極数を 14 とする．

図 8.13 固定子極に小歯，回転子に極数増加

小歯は均等に配置されているとする．固定子小歯の間隔は，
$$360 \div 6 = 30 \, (度)$$
であり，回転子小歯の間隔は，
$$360 \div 14 = 25\frac{5}{7} \, (度)$$
である．固定子の極の角度差は 60° であるので，そこに 1 番近い回転子の歯は，
$$360 \div 14 \times 2 = 51\frac{3}{7} \, (度)$$
であるので，その差 $8\frac{4}{7}$ 度がステップ角となる．

例題 8.3

固定子の界磁極は 6 であり，それぞれの界磁極に 6 個の小歯を持ち，回転子は 44 の小歯を持つ場合のステップ角を求めよ．

【解答】 同様に，
$$360 \div 44 = \frac{90}{11} = 8\frac{2}{11}, \quad 60 \div \frac{90}{11} = 7\frac{1}{3}$$

回転子の次の小歯の数を考えると 7 か 8 である．
$7 \times \dfrac{90}{11} = 57\dfrac{3}{11}$ と $8 \times \dfrac{90}{11} = 65\dfrac{5}{11}$ を比較すると前者が 60 度に近い．したがって，ステップ角は，

$$60 - 57\dfrac{3}{11} = 2\dfrac{8}{11} \text{（度）}$$

となる．

リラクタンス形は，リラクタンストルクのみであり，トルクが小さい欠点を持つが永久磁石形よりステップ角を小さくできる．

8.5.2 永久磁石形

回転子に永久磁石を用いたパルスモータである．図 8.14 に模式図を示す．固定子の電磁石を励磁するごとに 90° 回転する．永久磁石パルスモータは，リラクタンス形に比べトルクは大きいが，回転角（ステップ角）も大きい．

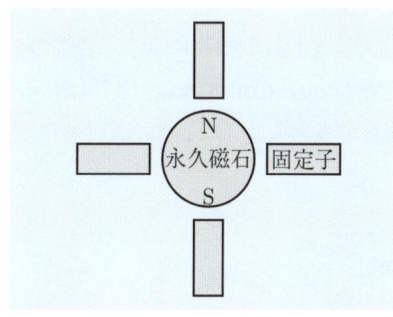

図 8.14 永久磁石形パルスモータの模式図

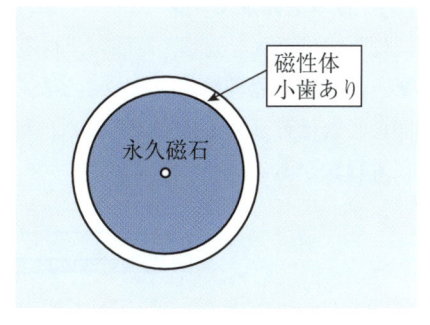

図 8.15 ハイブリッド形パルスモータの回転子模式図

8.5.3 ハイブリッド形

リラクタンス形はステップ角を小さくできるがトルクが小さい．永久磁石形は，トルクは大きいがステップ角が大きい．この利点を生かしたのがリラクタンス形と永久磁石形をあわせたハイブリッド形である．そのロータの模式図を図 8.15 に示す．

いろいろな工夫がなされ，トルクが高く，ステップ角の小さいハイブリッド形が開発されている．また，軸を共通にした複数のステップモータを構成し，ステップ角を小さくしているものもある．

8.6 リニアモータ

ここまでのモータは回転形であった．直線運動するモータをリニアモータという．誘導機や同期機の回転子と固定子を展開させた構造を持つ．

(1) リニア誘導モータ (Linear Induction Motor (LIM))

通常の誘導機は，固定子で回転磁界をつくる．一般的リニア誘導機では，直線運動をするものに移動磁界を発生させ，運動しない固定側に導体をおいた構造となる．急勾配の多い地下鉄や磁気浮上列車などに使用されている．

(2) リニア同期モータ (Linear Synchronous Motor(LSM))

通常の同期機と同様に直線運転するものに界磁の役割を持たせ，固定側に電機子を持つ構造となる．JR で開発中の磁気浮上列車の推進モータであるリニア同期モータ．

(3) リニア直流モータ

磁界中に直流を流し，電磁力を得る．その模式図を図 8.16 に示す．音響のスピーカと同じ原理構造を持つことから VCM (Voice Coil Motor) と呼ばれる．図の場合は可動コイル形であるが，可動磁石形もある．また，永久磁石の配置にも種類がある．

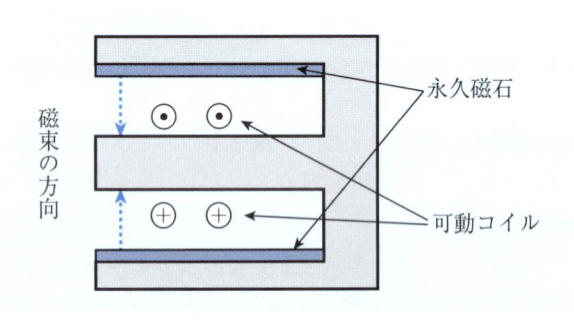

図 8.16　VCM の模式図

リニアモータは円筒の回転機を展開した構造となるので，LIM においては，移動するもの（回転誘導機の場合の固定子に対応）の移動磁界に端効果が現れる．LSM においても移動するもの（回転同期機の回転子）の磁界に端効果が現れる．この端効果の小さくする工夫がなされている．

写真 8.4 リニモ
リニア誘導モータで駆動される常電導磁気浮上リニアモータカー
[写真撮影：古関]

■ まとめ

現在，電動機（モータ）は特に小形モータを中心に開発が進められている．各用途に違ったモータがつくられている．また，インバータのよる駆動も多く，インバータとの整合性の良いモータもあり，小形モータは多種多様である．それらを網羅し，整理することは容易でない．ここでは，その基本となるいくつかを紹介した．いろいろなモータに関しては，専門書を参考にしていただきたい．

8章の問題

☐ **1** アウターロータはインナーロータに比べ，通常トルクが大きい．なぜか．

☐ **2** リニアモータの端効果について論ぜよ．

☐ **3** ヒステリシスモータの特徴を述べよ．

💭 同期機と永久磁石

　直流機は，制御性のよさから，広く使われてきた．しかし，回転を利用した整流器とブラシによる整流を行う関係で，その部分に汚損が生じる．そのため，その保守期間と費用がかかる．これが直流機の最大の欠点である．それに加えパワーエレクトロニクスの進展により，経済的なインバータが出現している．これらが電気車（電車）の動力として，直流機からインバータ付きの誘導電動機に置き換わってきている理由である．

　しかしながら，小形モータの分野において，直流機のシェアが広がっているのは事実である．これは，パソコンやプリンターなどの周辺機器での使用を考えると，その寿命が直流機の保守期間に比べてはるかに短いことによる．このような短い寿命に対して，その界磁に高価な永久磁石を使用するか否かは，（保守期間も含め）経済的な問題による．

付　録
ベクトル(フェーザ)軌跡の作図法

　ベクトル軌跡を求める方法に，演算によるものと作図によるものがある．そもそもベクトル軌跡は，わかりやすく，視覚に訴えるものであるので，作図による方法がその趣旨に合致している．また，あるパラメータの変化とその結果の対応がわかりやすい．
　ここで，ベクトル軌跡の作図による方法とその証明について述べる．

A.1　作　図　法

　ベクトル軌跡の演算は，元のベクトル軌跡を W とし，一定の複素数を $\tilde{c}$ としたとき，
① $W + \tilde{c}$
② $\tilde{c}W$
③ $\dfrac{1}{W}$

の3つに分類される．それぞれに関して，作図で求めることにする．その証明は後述する．ベクトル軌跡は直線か円であることにする．

　①は平行移動と呼ばれ，元のベクトル軌跡を $\tilde{c}$ だけ移動させる．図 A.1 は元のベクトル軌跡が直線の場合と円の場合を示している．また，元の軌跡との対応も示して

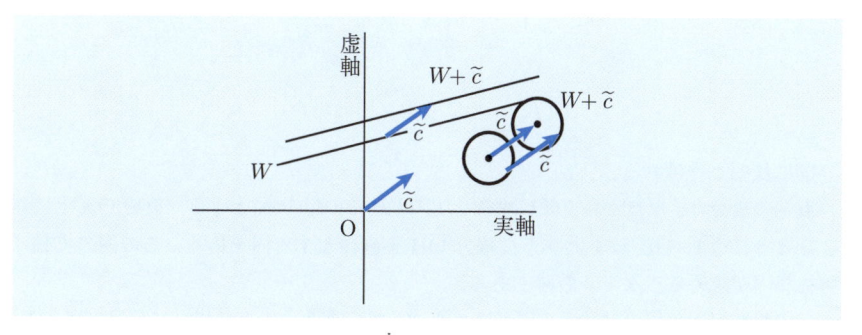

図 A.1　平行移動の作図

いる．

②は相似変換と呼ばれ，元のベクトル軌跡を $\tilde{c}$ 倍する．

元のベクトル軌跡が直線の場合は，元のベクトル軌跡の傾きに $\arg \tilde{c}$ を加えた傾きを持ち，$jb \cdot \tilde{c}$ を通る直線となる．$\tilde{c} = c$ が実数の場合が多い．その場合は，傾きは同じで，虚軸との交点を c 倍にする．

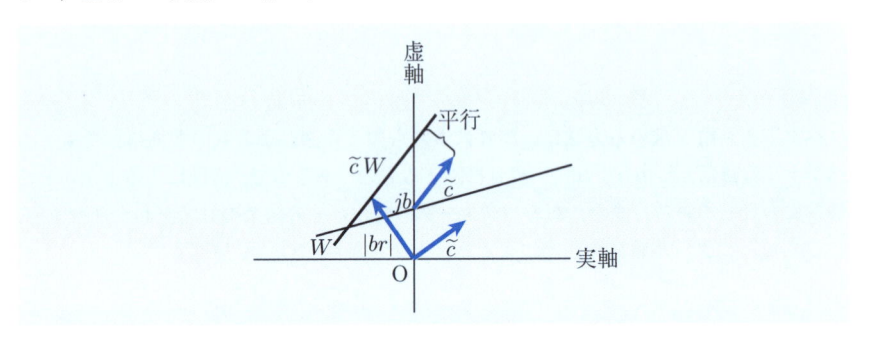

図 A.2 直線の場合の相似変換

元のベクトル軌跡が円の場合は，中心の座標を $\arg \tilde{c}$ 傾け，長さ $r|\tilde{c}|$ を持つ位置にし，半径を $|\tilde{c}|$ 倍にする．

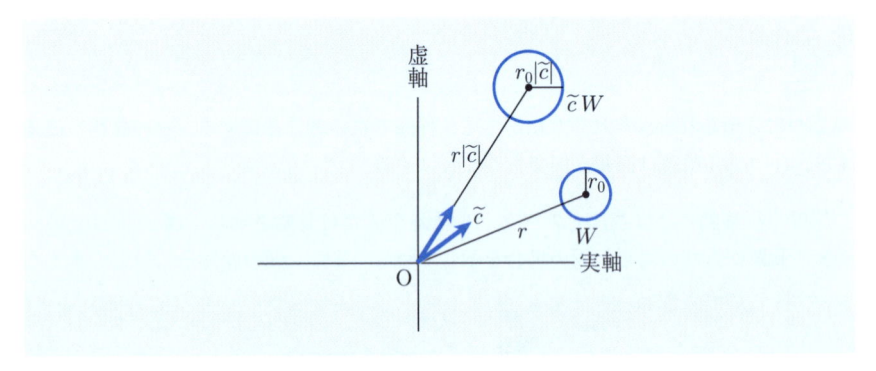

図 A.3 相似変換（円の場合）

③は反転と呼ばれる．

直線の場合は，原点から直線に垂線を下ろし，その足を A とする．直線 OA 上に点 B をとり，$\overline{\mathrm{OA}} \cdot \overline{\mathrm{OB}} = 1$ とする．線分 $\overline{\mathrm{OB}}$ を直径とする円を描く．この円の実軸に対称な円が求めるベクトル軌跡である．

元の軌跡が円の場合は，元の円が原点を通る場合とそうでない場合に分けて考える．

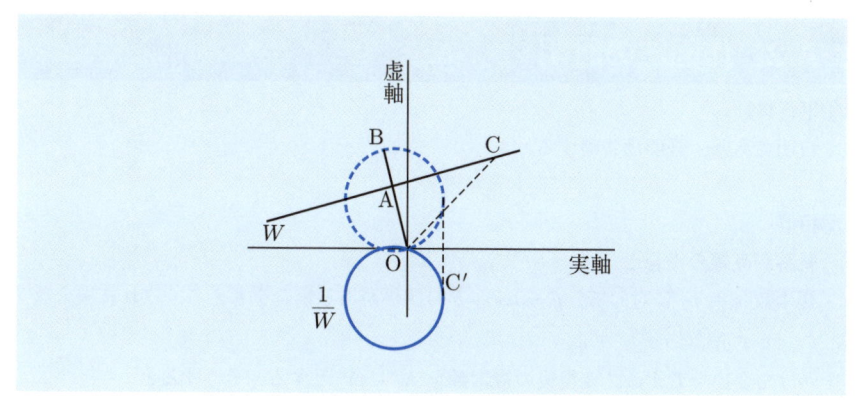

図 A.4 　直線の反転，原点を通る円の反転

　原点を通る円の反転は，直線の場合に行ったことを逆に行って求められる（図 A.4 参照）．また，この方法では，元のベクトル軌跡との対応がわかる．C 点における逆数（対応点）は，C′ 点となる．

　ベクトル軌跡が原点を通らない円の反転は以下のように求める．原点から円の中心に直線を引き，円との交点を A，B とする．直線 OA 上に

$$\overline{OA} \cdot \overline{OC} = 1, \quad \overline{OB} \cdot \overline{OD} = 1$$

となる点，C と D をとる．$\overline{CD}$ を直径とする円を描く．この円を実軸対称とした円を描く．これが求めるものである．この作図においても，元のベクトル軌跡上の点とその反転のベクトル軌跡上の点との対応がわかりやすい．

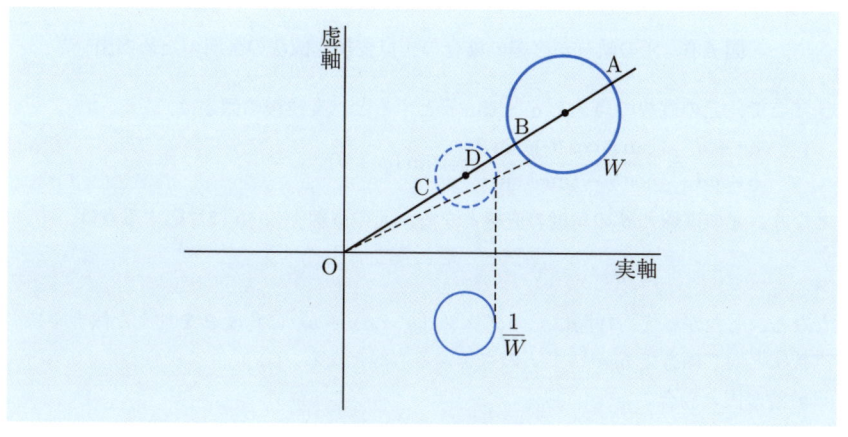

図 A.5 　円の反転

A.2 作図法の証明

①平行移動

自明であり，証明は省略する．

②相似

軌跡が直線の場合：

複素数 $x + jy$ に対して，$y = ax + b$ の関係がある場合を考える．これに複素数
$$c + jd \stackrel{\text{def}}{=} re^{j\theta}$$
をかけた変換を考える．変換後の複素数を $X + jY$ とする．そうすると，

$$Y = \frac{ac + d}{c - ad} X + \frac{b(c^2 + d^2)}{c - ad}$$

なる関係となり，変換後も直線となる（図 A.6 参照）．

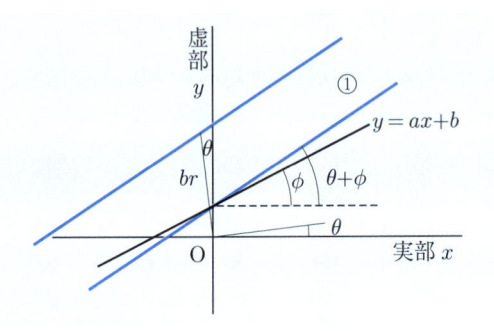

図 A.6 元の軌跡が直線の場合の相似変換作図法の証明のための図

ここで，元の直線の傾きを $a = \tan\phi$ とすると，変換後の傾きは，

$$\frac{ac + d}{c - ad} = \frac{\tan\phi\cos\theta + \sin\theta}{\cos\theta - \tan\phi\sin\theta} = \tan(\phi + \theta)$$

となり，元の直線と θ の角度の直線となる．元の直線上の jb に対応する点は，

$$be^{j\frac{\pi}{2}} re^{j\theta} = bre^{j\left(\frac{\pi}{2} + \theta\right)}$$

となる．したがって，作図は元のグラフ（$y = ax + b$）に角度 θ を加えた傾きを持つ直線①と同じ傾きで $bre^{j\left(\frac{\pi}{2} + \theta\right)}$ の点を通る直線となる．

軌跡が円の場合：

円の表現は，

A.2 作図法の証明

$r_0 e^{j\phi_0} + r_r e^{j\phi}$：ただし ϕ のみが変化

とする．複素数倍 $(r_c e^{j\phi_c}, c+jd)$ したときは，

$$r_c e^{j\phi_c}(r_0 e^{j\phi_0} + r_r e^{j\phi}) = r_c r_0 e^{j(\phi_c+\phi_0)} + r_c r_r e^{j(\phi_c+\phi)}$$

となるので，図 A.7 のように円の中心を ϕ_c だけ傾けた方向の $r_c r_0$ のところに中心を持ち，半径 $r_c r_r$ の円となる．"⟷" は対応点を示す．

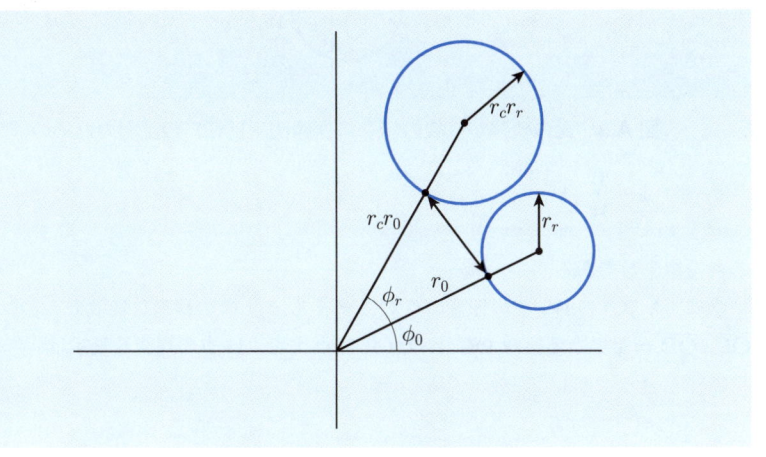

図 A.7 元の軌跡が円の場合の相似変換の証明のための図

③反転

あるベクトル軌跡 W_1 に対して，

$$W_2 = \frac{1}{W_1}$$

の記号を用いて考察する．

まずベクトル軌跡が直線の場合を考える．

原点 O から W_1 に下ろした垂線と W_1 との交点を A とする．A 点の複素数表示を $r_1 e^{j\theta_1}$ とする．$\overline{\text{OA}} \cdot \overline{\text{OB}} = 1$ となる直線 OA 上の点を B とする．B 点の複素数表示は

$$\frac{1}{r_1} e^{j\theta_1}$$

となる．これは，A 点に対する反転の点の複素数表示

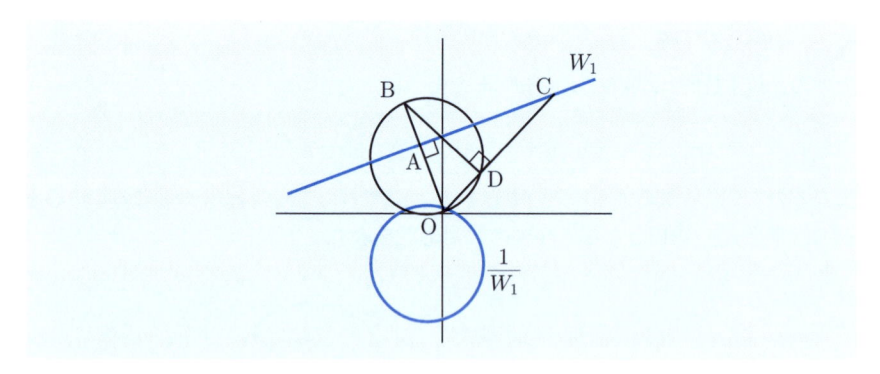

図 A.8 元の軌跡が直線の場合の作図法（反転）の証明のための図

$$\frac{1}{r_1 e^{j\theta_1}} = \frac{1}{r_1} e^{-j\theta_1}$$

の共役複素数である．

次に，A 以外の W_1 上の任意の点 C を考える．点 C の複素数表示を $r_2 e^{j\theta_2}$ とする．$\overline{\mathrm{OC}} \cdot \overline{\mathrm{OD}} = 1$ となる直線 OC 上の点を D とする．D 点の複素数表示は

$$\frac{1}{r_2 e^{j\theta_2}} = \frac{1}{r_2} e^{j\theta_2}$$

となる．これは，C 点の反転後の点の複素数表示の共役複素数である．$\overline{\mathrm{OA}} \cdot \overline{\mathrm{OB}} = 1$ と $\overline{\mathrm{OC}} \cdot \overline{\mathrm{OD}} = 1$ より，点 A, B, C, D は同一円周上にある．したがって，∠BDC = ∠R である．よって，W_1 の反転後の共役複素数は直径を OB とする円周上にある．したがって，求める反転は，その円の実軸対称な円となる．

以上より，直線のベクトル軌跡の反転は，原点を通る円となる．この方法では，反転前と反転後の対応が容易にわかる．

次に，ベクトル軌跡が円の場合の反転を考える．ベクトル軌跡を W_1 とし，その中心と原点を結ぶ直線と円とが交わる点を図 A.9 のように A, B とする．直線 OA 上で，

$$\overline{\mathrm{OA}} \cdot \overline{\mathrm{OD}} = 1 \tag{*}$$

$$\overline{\mathrm{OB}} \cdot \overline{\mathrm{OC}} = 1 \tag{**}$$

となる点をそれぞれ D, E とする．原点から W_1 と交わる任意の直線と W_1 との交点を E とする．直線 OE 上で，

$$\overline{\mathrm{OE}} \cdot \overline{\mathrm{OF}} = 1 \tag{***}$$

となる点を F とする．A 点の複素数表示を $r_1 e^{j\theta}$，B 点の複素数表示を $r_2 e^{j\theta}$ とする．

これより，C 点の複素数表示は

$$\frac{1}{r_2}e^{j\theta}$$

D 点の複素数表示は

$$\frac{1}{r_1}e^{j\theta}$$

となり，それぞれ，B 点の複素表示の逆数の共役複素数，A 点の複素表示の逆数の共役複素数となる．

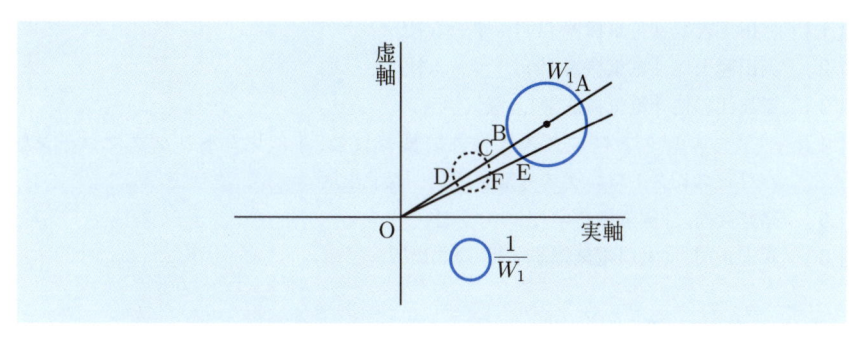

図 A.9 元の軌跡が円の場合の作図法（反転）の証明のための図

さて，(∗) 式と (∗∗) 式より，A，D，E，F は同一円周上にある．したがって，

∠EAB = ∠OFD

である．同様に，(∗∗) 式と (∗∗∗) 式より，B，C，E，F は同一円周上にあり，

∠ABF = ∠CEF

となり，∠AEB = ∠R より，

∠DFC = ∠R

となる．したがって，円 W_1 上の点の複素数表示の逆数の共役複素数で示される点は，直径 DE の円周上にある．この円の実軸対称な円が求めるベクトル軌跡となる．

参考文献

電気機器に関する教科書は多くある．例えば
[1] 仁田工吉他「電気機器 (1)」，オーム社．
[2] 岡田隆夫他「電気機器 (2)」，オーム社．
[3] 難波江彰他「電気機器学」，電気学会．
[4] パワーエレクトロニクス教科書編纂委員会，「エレクトリックマシーン＆パワーエレクトロニクス [第2版]」，森北出版．
[5] 猪狩武尚，「電気機器学」，コロナ社．
[6] 森安正司，「実用電気機器学」，森北出版．

電気機器の演習には
[7] ネーサー著，村崎憲雄他訳，「電気機器工学」（マグロウヒル大学演習シリーズ），マグロウヒル好学社．

パワーエレクトロニクスに関しても多くの教科書がある．例えば
[8] 河村篤男，「現代パワーエレクトロニクス」，数理工学社．
[9] 大野栄一，「パワーエレクトロニクス入門」，オーム社．
[10] 仁田旦三他，「パワーエレクトロニクス」，オーム社．

ハンドブックとして，例えば
[11] 「パワーエレクトロニクスハンドブック」，オーム社．
[12] 「パワーエレクトロニクスハンドブック」，丸善．

電気磁気学に関しても多くの教科書がある．例えば
[13] 小野靖，「電気磁気学」，数理工学社．
[14] 桂井誠著（山田直平 原著），「電磁気学」，電気学会．
[15] 竹山説三，「電気磁気学現象理論」，丸善．

索　引

ア　行

アモルファス変圧器　26
アンペールの法則　3
渦電流損失　10, 31
内分巻　108
埋め込み磁石形（IPM）　186
運動起電力　48
永久磁石　8
永久磁石モータ　186
エルステッド　8
エレファント変圧器　27
円線図　143
円筒形　70

カ　行

界磁　73, 98
外鉄形　25, 38
回転角速度　54
回転磁界　56
外部特性曲線　109
ガウス　8
かご形回転子　131
重ね巻　64, 99
簡易等価回路　24
環状巻　58
完全結合　20
起磁力　4
逆起電力　103
極数切り替え　150

クレーマ方式　152
ゲルゲス現象　149
降圧チョッパ　171
交さ磁化作用磁束　76
拘束試験　138
効率　142
鼓状巻　58
コンデンサ始動単相誘導電動機　157

サ　行

サイリスタ　164
差動　108, 115
残留磁束密度　7
磁気回路　3
磁気抵抗　4
自己ターンオフ機能　162
自己ターンオン機能　162
自己容量　38
自己励磁　111
始動電流　150
始動補償器　150
集中巻　58
昇圧チョッパ　171
自励発電機　108
スコット結線　44
スタッキングファクタ　11
すべり　132
スリップリング　73
制御角　168
静止セルビウス方式　151

制動巻線　93
整流子　98
積層鉄芯　11
積層鉄板　11
全節巻　62
全電圧始動　150
全日効率　32
外分巻　108

タ 行

ターシャリー巻線　43
ダイオード　163
他励インバータ　170
他励発電機　108
単位法　85
短節係数　62
短節巻　62
単巻変圧器　37
短絡試験　35
短絡比　86
直巻発電機　108
直列巻線　37
鉄機械　86
鉄損　12, 23, 94
電圧変動率　28
電機子　73, 98
電機子反作用　76, 104
電機子反作用磁束　76
電源周波数制御　150
転流　168
銅機械　86
同期調相機　93
銅損　12, 23, 94
突極形　70
トライアック　173
トルク　53, 101, 121

ナ 行

内鉄形　25, 38
波巻　64, 99
二重かご形　148

ハ 行

パーミアンス　5
バイポーラトランジスタ　165
パルスモータ　189
パワー　53
ヒートポンプ　174
ヒステリシス損失　7, 31
ヒステリシスモータ　183
百分率抵抗降下　29
百分率リアクタンス降下　29
表面磁石形（SPM）　186
漂遊負荷損　32, 94
V 曲線　92
V 結線　43
フェーザ軌跡　143
負荷特性曲線　110
深溝形　148
負荷容量　38
ブッシング　27
ブラシ　98
フリンジング　5
フレミングの左手の法則　49
フレミングの右手の法則　48
分巻発電機　108
分相始動　155
分相始動単相誘導電動機　156
分布係数　61
分布巻　58, 99
分路巻線　37
ベクトル軌跡　143
補極　104

索　引

保持電流　165
補償巻線　105
保持力　7

マ行

巻数比　21
巻鉄芯　26
無負荷試験　34
無負荷特性曲線　109
漏れ磁束　76

ヤ行

誘電体損　32, 94
誘導起電力　101
誘導電動機　130

ラ行

ラッチング電流　165
理想変圧器（変成器）　19
リニア直流モータ　192
リニア同期モータ　192
リニアモータ　192
リニア誘導モータ　192
リラクタンストルク　88

リラクタンスモータ　181
励磁損　94
励磁電流　20

ワ行

和動　108, 115

数字・欧字

1次巻線　132
2次抵抗制御　150
2次電流　134
2次巻線　132
2次励磁制御　151
FACTS　174
GCT　165
GTO　165
IGBT　165
IH　174
IPM　166, 186
L形等価回路　24
MOSFET　165
PWM　172
SPM　186
T形等価回路　24

著者略歴

仁田　旦三（にった　たんぞう）

1972 年　京都大学大学院博士課程単位取得退学
1972 年　京都大学工学部助手
1980 年　京都大学工学部助教授
1996 年　東京大学大学院工学系研究科教授
2011 年 3 月まで　電力中央研究所顧問
現　在　明星大学理工学部教授　工学博士

主要著書

パワーエレクトロニクス（共編著，オーム社）
電気工学通論（数理工学社）

古関　隆章（こせき　たかふみ）

1992 年　東京大学大学院工学系研究科電気工学専攻博士課程修了
2000 年　東京大学大学院情報理工学系研究科助教授
2001 年　東京大学大学院情報理工学系研究科准教授
現　在　東京大学大学院工学系研究科准教授　博士（工学）

主要著書

パワーエレクトロニクスハンドブック（共編著，オーム社）
電気鉄道ハンドブック（共編著，コロナ社）

新・電気システム工学 ＝ TKE–8

電気機器学基礎

2011 年 3 月 25 日 ⓒ　　　　　　　初　版　発　行
2013 年 11 月 25 日　　　　　　　初版第 2 刷発行

著者　仁田旦三　　　　発行者　矢沢和俊
　　　古関隆章　　　　印刷者　小宮山恒敏
　　　　　　　　　　　製本者　米良孝司

【発行】　　　　株式会社　数理工学社

〒 151–0051　東京都渋谷区千駄ヶ谷 1 丁目 3 番 25 号
編集 ☎ (03) 5474–8661（代）　　サイエンスビル

【発売】　　　　株式会社　サイエンス社

〒 151–0051　東京都渋谷区千駄ヶ谷 1 丁目 3 番 25 号
営業 ☎ (03) 5474–8500（代）　　振替 00170–7–2387
FAX ☎ (03) 5474–8900

印刷　小宮山印刷工業（株）　　製本　ブックアート

≪検印省略≫

本書の内容を無断で複写複製することは，著作者および
出版者の権利を侵害することがありますので，その場合
にはあらかじめ小社あて許諾をお求め下さい．

サイエンス社・数理工学社の
ホームページのご案内
http://www.saiensu.co.jp
ご意見・ご要望は
suuri@saiensu.co.jp まで．

ISBN978–4–901683–76–0
PRINTED IN JAPAN

━━━━ 新・電気システム工学 ━━━━

電気工学通論
仁田旦三著　2色刷・A5・上製・本体1700円

電気磁気学
いかに使いこなすか
　　　　小野　靖著　2色刷・A5・上製・本体2300円

基礎エネルギー工学
桂井　誠著　2色刷・A5・上製・本体2200円

電気電子計測
廣瀬　明著　2色刷・A5・上製・本体2300円

システム数理工学
意思決定のためのシステム分析
　　　　山地憲治著　2色刷・A5・上製・本体2300円

電気機器学基礎
仁田・古関共著　2色刷・A5・上製・本体2500円

電気材料基礎論
小田哲治著　2色刷・A5・上製・本体2200円

高電圧工学
日髙邦彦著　2色刷・A5・上製・本体2600円

＊表示価格は全て税抜きです．

━━━━ 発行・数理工学社／発売・サイエンス社 ━━━━